U0376773

图说
有机蔬菜
绿色栽培

王迪轩　何永梅　王雅琴　主编

化学工业出版社

·北京·

内容简介

本书以图文并茂的形式，重点介绍了辣椒、茄子、番茄、黄瓜等17种常见蔬菜的有机栽培技术要领，在有机农业生产上可采取的农业、物理、生物防治措施以及有机农业允许使用的药剂等，对有机蔬菜生产中的常见病虫害进行综合防控的技术，以达到指导有机蔬菜优质高效生产的目的，实用性、可操作性强。

本书可供从事有机蔬菜生产的农业新型经营主体、家庭农场生产时参考，也可供无公害蔬菜、绿色蔬菜生产者参考。

图书在版编目（CIP）数据

图说有机蔬菜绿色栽培/王迪轩，何永梅，王雅琴主编. —北京：化学工业出版社，2023.10
ISBN 978-7-122-43874-4

Ⅰ.①图… Ⅱ.①王… ②何… ③王… Ⅲ.①蔬菜园艺-无污染技术-图集 Ⅳ.① S63-64

中国国家版本馆CIP数据核字（2023）第136150号

责任编辑：冉海滢　刘　军　　　文字编辑：李娇娇
责任校对：王鹏飞　　　　　　　　装帧设计：关　飞

出版发行：化学工业出版社
　　　　　（北京市东城区青年湖南街13号　邮政编码100011）
印　　装：盛大（天津）印刷有限公司
880mm×1230mm　1/32　印张8　字数238千字
2023年9月北京第1版第1次印刷

购书咨询：010-64518888　　　售后服务：010-64518899
网　　址：http://www.cip.com.cn
凡购买本书，如有缺损质量问题，本社销售中心负责调换。

定　　价：49.80元　　　　　　　　版权所有　违者必究

《图说有机蔬菜绿色栽培》
编写人员名单

主编

王迪轩　　何永梅　　王雅琴

副主编

曹光华　　贺丽江　　刘天英　　周建家

编写人员
（按姓名汉语拼音排序）

曹光华　　郭　赛　　何永梅　　贺丽江
黄卫民　　李　凌　　李慕雯　　刘天英
谭卫建　　汪端华　　王迪轩　　王雅琴
王一杰　　魏　辉　　徐军锋　　姚　旦
臧文兵　　曾娟华　　张有民　　周建家

在有机蔬菜生产中，不少经营者存在一些认知误区，认为有机蔬菜就是不打农药的蔬菜，于是任凭蔬菜自生自长，结果导致病虫害发生，严重时致毁灭性失收，给经营者带来不少打击。也有人认为有机蔬菜生产就是传统的"刀耕火种"，要回到原始社会，拒绝现代化生产方式，如大棚、地膜、防虫网、遮阳网、喷滴灌、性诱剂、杀虫灯等现代设施设备的应用。实际上有机农业是建立在应用现代生物学知识，应用现代农业机械、作物品种、良好的农业生产管理方法和水土保持技术，以及良好的有机废弃物和作物秸秆的处理技术、生物防治技术和实践基础之上的。还有人认为有机蔬菜就是长相差、有虫眼病斑、产量低的蔬菜，实际上从长远来看，严格按有机蔬菜生产技术规程种植出来的蔬菜产量不一定会低于常规蔬菜作物的产量，只要恰当地培肥土壤，有机蔬菜产量还可能高出常规生产产量10%～20%，质量无疑要好得多。另外，有些从事有机蔬菜生产的经营主体在遇到病虫害发生时，使用了一些有机农业国家标准所不允许使用的农药，有些还使用了有机农业不允许使用的化学肥料。从这个角度来看，经营者对如何开展有机蔬菜生产在认知上还有一定的不足。

自《有机产品　生产、加工、标识与管理体系要求》（GB/T 19630）国家标准发布以来，有机农业生产开始"有法可依"，这也促进了有机蔬菜生产的发展。随着国家对农业生产"肥药双减"的实施，农业生产逐步朝向绿色和有机发展，据编者近10多年来的市场调查，制约有机蔬菜发展的主要问题是病虫害的防控。而有机蔬菜病虫害的防控从某种意义上是有机蔬菜优质高产栽培技术的一部分，侧重于从有机蔬菜栽培的角度，通过实行轮作，做好种子消毒、土壤消毒，施足有机肥，合理密植，加强田间肥水管理，并结合采用杀虫灯、性诱剂、黄板蓝板诱杀、防虫网阻隔害虫等物理防治，选用捕食螨、保护天敌等生物防治，再辅以有机农业允许使用的植物源、动物源、微生物源等药剂进行综合防控。

有机农业生产过程中的投入品讲究的是来源于自然，如肥料不得使用化学肥料，主张使用农家肥，严格意义上的有机农业中所使用的农家肥，还应是有机农业生产循环中由有机饲料喂养、没有使用抗生素等禁用药物的动物的粪尿水等。不得使用化学农药，有机农业国家标准中允许使用的一些植物源、动物源、微生物源杀虫杀菌剂等是可以用的，这些措施也是有机农业健康持续发展的保障。

为更好地促进有机蔬菜的发展，本书融合了编者多年的调研结果以及本地有机蔬菜种植的新型经营主体的实践经验，按照蔬菜作物生产的操作步骤，重点总结了辣椒、茄子、番茄、黄瓜、南瓜、丝瓜、苦瓜、豇豆、大白菜、甘蓝等17种大宗蔬菜的有机栽培技术要领，并以图片识别的形式，介绍了每种蔬菜主要病虫害的农业、物理、生物防治措施，辅以有机农业生产允许使用的药剂防治措施，从而达到指导优质高效生产的目的。

本书在编写过程中，得到了湖南省益阳市赫山区科技专家服务团专家及益阳市农村科技特派员所服务的益阳市谢林港镇云寨村经济合作社、沅江市爱钦优质水稻种养专业合作社等农业新型经营主体的支持，在此一并感谢！

由于编者水平有限，难免存在疏漏之处，敬请专家同行和广大读者批评指正！

王迪轩

2023 年 6 月

目录

一、
有机辣椒

辣椒（图1-1）为消费者最为喜爱的蔬菜之一，其生产方式主要有早春塑料大棚促成栽培（一般10月育苗，翌年2月上中旬定植）、早春露地栽培（一般10月育苗，翌年3月中下旬定植）、夏露地栽培（一般6月上旬播种，7月上旬定植）、秋露地栽培（一般7月上旬播种，8月上旬定植）、大棚秋延后栽培（一般7月中下旬播种，8月中下旬定植）等。在生产上，以春露地栽培为主。

图1-1　辣椒产品

1. 有机辣椒春露地栽培技术要领

【选择品种】近郊以早熟栽培为主。远郊及特产区以中晚熟栽培为主。露地栽培一般应采用地膜覆盖形式，根据消费者需求，选用早熟或早中熟品种（图1-2）。

【确定育苗时间】10月中下旬～翌年1月下旬，用大棚冷床（图1-3）或电热温床播种育苗。

图1-2　湘研21号辣椒

图1-3　钢架大棚低畦面冷床培育辣椒苗

【配制营养土】

（1）播种床中土壤由烤晒过筛菜园土1/3、粉碎过筛的厩肥等腐熟农家肥1/3、炭化谷壳（或草木灰）1/3充分混匀后组成，或菜园土与腐熟农家肥按6∶4比例混匀。

（2）分苗床中土壤由园土2/4、粉碎过筛的厩肥等腐熟农家肥1/4、炭化谷壳（或草木灰）1/4组成。

图1-4　鸡粪未腐熟导致分苗的辣椒苗烧根死苗

注意：在配制营养土时，严禁使用未充分腐熟的农家肥，特别是未腐熟的鸡粪，或使用含速效氮肥的不合格商品有机肥，防止粪肥烧根死苗（图1-4），或育苗期间闭棚升温造成气害死苗（图1-5）。

【种子处理】每667m²（亩）大田备种约75g（图1-6）。种子经浸种消毒后催芽。约70%的种子破嘴时播种。

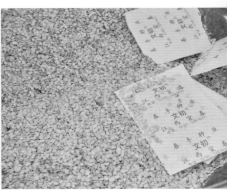

图1-5 用含速效氮肥的有机肥配制营养土导致辣椒气害死苗

图1-6 辣椒种子

【播种】每平方米苗床播种150～200g。先浇足底水，均匀播种，盖细土1～2cm厚，薄晒一层压籽水，塌地盖薄膜（指在畦面上覆盖薄膜），闭严大棚。

【播后至分苗前管理】播后至幼苗出土期闭棚，高温高湿的环境促出苗。大部分种子出苗后，把塌地的地膜拱起（形成小拱棚），出苗后适当降温，在不受冻害的前提下加强光照，控制浇水。晴朗天气多通风见光，维持床土表面呈半干半湿状态，床土过白前及时浇水。

图1-7 辣椒"带帽苗"

若因床土过湿、盖土过薄等原因导致"带帽苗"出现（图1-7），除降湿外，还需人工摘除种子壳。

若床土养分不足，可于2片真叶后结合浇水喷施1～2次有机营养液。

若遇连阴雨天突然转晴，小拱棚上要盖遮阳网，以后逐渐揭开见光，防止"闪苗"发生（图1-8）。

分苗前3～4d适当炼苗，通过加强通风适当降低温度。

【分苗】苗龄1个月左右，3～4片真叶时，选择天气晴朗时期及时分苗假植（图1-9）（确定分苗假植时期时应同时考虑分苗后有几个晴天，以利

图1-8　久雨开晴后突然揭膜造成
"闪苗"

图1-9　辣椒大棚分苗假植

于缓苗），株行距（7 ～ 8）cm×（7 ～ 8）cm，最好用营养钵分苗（图1-10）。分苗后速浇压根水，盖严小拱棚和大棚膜促缓苗，晴天在小拱棚上盖遮阳网。

【分苗床管理】缓苗期，高温高湿促缓苗。旺盛生长期，适当降温促壮苗，每隔7d结合浇水喷一次0.2%的有机营养液肥。用营养钵分苗假植的，应注意维持床土表面呈半干半湿状态，防止土壤过干。要加强通风，即使是阴天或雨雪天气，也要于中午短时通风1 ～ 2h，以防气害伤苗。

图1-10　辣椒营养钵分苗

定植前一周，通过降温、控水和增大通风量等方式炼苗以适应露地栽培气候条件。

建议有条件的经营主体或大型蔬菜合作社或蔬菜公司采

图1-11　辣椒穴盘苗

用基质穴盘育苗（图1-11），无需分苗，一次成苗。

【整土施基肥】结合整土施肥，每667m²施用充分腐熟鸡粪或牛粪等有机肥2500kg（或腐熟大豆饼肥100～130kg或腐熟花生饼肥150kg），磷矿粉40kg，钾矿粉（或45％生物钾肥）20kg，生物有机肥50～60kg，深翻20～30cm，结合耕翻全耕作层全面施肥。每3年施一次生石灰，每次每667m²用75～100kg。

整平、耙细、开沟、做畦，畦宽1.2m。

【定植时间】在长江流域，辣椒春露地栽培早、中熟品种以3月下旬至4月上旬为宜，晚熟品种可适当延迟，晴天定植。

【定植规格】株行距：早熟品种为0.4m×0.5m，可栽双株；中熟品种为0.5m×0.6m；晚熟品种为0.5m×0.6m。

注意：地膜覆盖栽培定植时间只能比纯露地早5～7d。因辣椒为浅根性作物，定植不宜过深，否则易造成黄头现象（图1-12）。

定植后定植穴要用细土封好定植孔。

【第一次浇水】定植后及时浇定根水（图1-13）。5～7d缓苗后浇缓苗水。缓苗水可结合追施海藻酸类或甲壳素类生根性肥料。

建议：从缓苗水开始，每667m²用1亿CFU/g枯草芽孢杆菌微囊粒剂（太抗枯芽春）500g+3亿CFU/g哈茨木霉菌可湿性粉剂500g+0.5％几丁聚

图1-12　辣椒定植过深伤根型黄头

图1-13　辣椒露地地膜覆盖栽培浇
定根水

糖水剂1kg浇灌植株，可促进生根，调理土壤，预防根腐病、枯萎病、青枯病等。后期可每月冲施1次。

【第一次中耕】未采用地膜覆盖栽培的，成活后及时中耕除草2～3次。结合浅中耕，施用淡腐熟猪粪尿水提苗（地膜覆盖栽培的不需中耕）。

建议：缓苗后，可喷施1∶1∶200波尔多液2～3次，每隔7～10d一次，有利于预防多种病害。

【最后一次中耕】封行前大中耕一次（地膜覆盖的不进行中耕）。

【第一次追肥】定植1周后，可每667m²浇施10％～20％腐熟人粪尿或沼液200～300kg提苗，然后至开花结果前，应控制肥水，进行蹲苗。

【第二次浇水】坐住果后才开始浇水保湿。

> **注意：** 在长江中下游地区，一般6月雨水多，多注意排水。

【第二次追肥】进入开花结果期追肥，每667m²用硫酸钾镁肥或45％生物钾肥15kg，或用浓度为60％的腐熟猪粪尿水2000kg，每次采收后，追肥一次。后期追施浓度为30％的人畜粪水防止早衰。

【进入分期分批采收】一般从5月上中旬即可进入采收期。

【覆草保水保肥】高温干旱前，可以在畦面上覆盖稻草或秸秆等，覆盖厚度为4～6cm。

【后期浇水】高温干旱期可进行沟灌，有条件的可采用滴灌，每次灌水相隔10～15d，以底土不现干、土面不龟裂为准。

【后期追肥】自第一次采收至立秋前，采收一次追肥一次，共追4～5次。宜以腐熟粪肥为主，少量勤施。

【固定植株】中、晚熟品种，生长后期应插扦固定植株（图1-14）。

【长季节栽培后期追肥】立秋和处暑前后各追施一次。

2. 有机辣椒主要病虫害综合防控

【农业防治】

（1）冬耕冬灌　在土壤封冻前深中耕，有条件的深耕后灌水，能提高越冬蛹、虫卵死亡率。

（2）培育壮苗　选择排水良好、无病的苗土作苗床，施入的有机肥要充分腐熟；采用营养钵育苗或穴盘基质育苗，培育无病壮苗。露地育苗苗床要覆盖防虫网，防止蚜虫、潜叶蝇、粉虱进入为害传毒。出苗后加强苗期温湿度管理，出苗后尽可能少浇水，并且撒干土或草木灰吸湿，发现病株及时拔除销毁。在苗床内喷 1 ～ 2 次等量式波尔多液。苗期施用微生物菌肥，有利于增强光合作用和抗病毒病能力。

图1-14　中迟熟辣椒生长期间要固定植株

（3）实行轮作　有机辣椒栽培与非茄科作物实行3年以上轮作，或与水生蔬菜实行1年轮作。翻耕整地前，每667m^{2}撒施生石灰150 ～ 200kg，整地时，结合第二次翻地深施充分腐熟发酵的农家肥。选无病壮苗定植，采用高畦栽培，合理密植。大田施足充分腐熟农家肥，定植后加强中耕松土、及时追肥，促进根系发育。定植缓苗后，每隔10 ～ 15d用等量式波尔多液喷雾1次。覆盖地膜可减轻前期发病。及时摘除病叶、病花、病果，拔除病株深埋或烧毁。控制浇水，不要大水漫灌，提倡按墒情适时灌水，减少灌水次数，田间出现零星病株后，要控水防病。

（4）调控大棚环境　大棚栽培的，要通过调控大棚内温湿度，缩短结露时间，可控制霜霉病等病害的发生。11月至翌年2月大棚内温度10 ～ 25℃、湿度在75 % ～ 90 %时易发病，常采用通风散湿来提高大棚温度。晴天上午温度升至28 ～ 30℃时进行放风（将温度控制在22 ～ 25℃），降低湿度；当温度降至20℃时，要马上关闭通风口，保持夜温不低于15℃，可以大大降低结露量、减少结露时间，减轻发病。

（5）种子处理　选用抗病、耐病、高产、优质的辣椒品种，各地主要病虫害和栽培方式不同，所以选用抗病虫品种要因地制宜、灵活掌握。种子消毒，可选用1 %高锰酸钾溶液浸种20min，或用1 %硫酸铜溶液浸种5min。浸种后均用清水冲洗干净种子，然后再催芽、播种。

图1-15 田间挂黄板蓝板诱杀害虫

图1-16 辣椒猝倒病病株

图1-17 辣椒立枯病

用10亿活芽孢/g枯草芽孢杆菌可湿性粉剂拌种（用药量为种子量的0.3%～0.5%），可防止枯萎病。

播种时，用种子重量5%～10%的1.5亿活孢子/g木霉菌可湿性粉剂拌种，可预防猝倒病、立枯病、根腐病、白绢病、疫病等。

（6）棚室和土壤消毒 对于大棚，在播种或移栽定植前，可按每100m³空间用硫黄250～300g、锯末500～600g混合后分成5～6堆，点燃密封熏蒸消毒一夜。

【物理防治】田间插黄板或挂黄色布条诱杀蚜虫、白粉虱、斑潜蝇，挂蓝板诱杀蓟马（图1-15）。在害虫产卵孵化盛期撒施草木灰，重点撒在嫩尖、嫩叶、花蕾上，每667m²撒草木灰20kg，可减少虫卵量。

在集中连片辣椒种植基地安装频振式杀虫灯或太阳能杀虫灯，可诱杀斜纹夜蛾、甜菜夜蛾等成虫；或用斜纹夜蛾、甜菜夜蛾等害虫的性诱装置诱杀成虫。

大棚通风口处安装防虫网。用糖醋液诱杀地下害虫。

【药剂防治】

（1）辣椒猝倒病（图1-16）、立枯病（图1-17）育苗时，每平方米用1亿活孢子/g微生物菌剂（健根宝）可湿性粉剂10g与15～20kg细土混匀，1/3撒于种子底部，2/3覆于种子上面。发病初期，可用5%井冈霉素水剂1500倍液，或高锰酸钾600～1000倍液等喷淋植株根茎部，每隔5～7d一次，连喷3～4次。

也可用1亿CFU/g枯草芽孢杆菌可湿性粉剂300～500倍液，或0.5%小檗碱水剂60～100倍液叶面喷施，同时可加入几丁聚糖、多聚寡糖等诱导免疫剂，提高免疫力。或用哈茨木霉菌T-22（根部型），苗床灌根2～4g/m^2，或把哈茨木霉菌喷淋到苗床上，可防治猝倒病。

（2）辣椒青枯病（图1-18）定植前，每667m^{2}用0.5%小檗碱水剂100mL兑水15kg，对辣椒苗进行浇根，可预防该病。田间发病，一般使用8亿活芽孢/g蜡质芽孢杆菌可湿性粉剂80～120倍液，或20亿活芽孢/g蜡质芽孢杆菌可湿性粉剂200～300倍液、硫酸铜1000倍液、50%琥胶肥酸铜可湿性粉剂500～1000倍液、14%络氨铜水剂300倍液、5%井冈霉素水剂1000倍液、77%氢氧化铜可湿性粉剂500倍液、27.12%碱式硫酸铜悬浮剂800倍液、86%波尔多液干悬浮剂1000倍液等灌根，每株300～500mL，7～10d一次，连续3～4次。

图1-18 辣椒青枯病茎维管束变褐

或每667m^{2}用0.5%小檗碱水剂100～150mL+大蒜油15mL+适量土霉素片（人用），兑水15kg，在辣椒青枯病发病点以及周围喷洒2～3次，3d一次，喷洒时多停留会，达到淋灌效果。

（3）辣椒根腐病（图1-19）、枯萎病（图1-20）、白绢病（图1-21、

图1-19 辣椒根腐病植株

图1-20　辣椒枯萎病湿度大时茎部现白色霉状物

图1-21　辣椒白绢病茎基部的白色绢丝状菌丝

图1-22　辣椒白绢病后期茎基部出现褐色菜籽状菌核

图1-22）分苗时，按每667m²用1亿活孢子/g健根宝可湿性粉剂100g掺营养土100～150kg，混拌均匀后撒施分苗床，再进行分苗。

定植时，按每667m²用1亿活孢子/g健根宝可湿性粉剂100g掺细土150～200kg，混匀后每穴撒100g。进入坐果期，用1亿活孢子/g健根宝可湿性粉剂100g兑水45kg灌根，每株灌250～300mL，可防治辣椒枯萎病和根腐病。

在辣椒苗定植时，每667m²用1.5亿活孢子/g木霉菌可湿性粉剂100g，与米糠1.25kg混拌均匀，将幼苗根部沾上菌糠后栽苗，或在田间初发病时，用1.5亿活孢子/g木霉菌可湿性粉剂600倍液灌根，每株灌250mL药液，灌后及时覆土，可防治根腐病、白绢病等茎基部病害。

田间发病，可用0.5%氨基寡糖素水剂400～600倍液灌根，或用0.3%丁子香酚可溶液剂1000～1500倍液喷雾。或每667m²用10亿活芽孢/g枯草芽孢杆菌可湿性粉剂250～300g，兑水800～1000kg稀释后灌根，从发病初期开始灌药，顺茎基部向下浇灌，每株灌药液150～200mL，每10～15d一次，连灌2～3次，可防治枯萎病。

（4）辣椒病毒病（图1-23）从定植后1～2d开始，每隔7～10d喷施一次竹醋溶液300倍液，连喷3～5次。发病初期，用高锰酸钾800倍液、0.5%菇类蛋白多糖水剂200～300倍液喷雾，每隔5～7d喷1次，连续喷3～4次。

图1-23　辣椒病毒病叶片发病状

从定植后二三天开始，用米醋或食用醋100～500倍液（低温时用250～300倍液，气温高时用300～500倍液），每隔5～7d喷施一次，连喷3次左右。

从幼苗移栽成活一周后开始，每667m² 用茄科作物专用型植物激活蛋白30～45g兑水稀释成1000倍液喷雾，每隔20～25d喷一次，连续喷雾3～4次。除预防病毒病外，还对疫病、青枯病、白绢病、炭疽病等有一定效果，并可提高产品品质，增加产量。

在开花结果前，每667m² 用红糖100～150g+尿素50～80g，兑水30kg对全株叶片均匀喷雾，可预防病毒病的发生。

（5）辣椒白粉病　发病初期，喷施300倍乳化植物油或乳化植物油混合剂（乳化植物油+硫黄，乳化植物油+铜制剂等），或用30%石硫固体合剂150倍液、50%硫黄悬浮剂500倍液、0.5%大黄素甲醚水剂600倍液、2%多抗菌素水剂200倍、0.4%低聚糖素水剂250～400倍液、0.3%丁子香酚可溶液剂1000～1200倍液等喷雾防治，每5～7d喷施1次，连续2～3次。也可用碳酸氢钠（小苏打）500倍液喷雾防治。

（6）辣椒炭疽病（图1-24、图1-25）用1.5%苦参·蛇床素水剂1600～2000倍液，或氨基酸螯合铜制剂500倍液、57.6%氢氧化铜干悬剂1000倍液、大蒜汁250倍液等喷雾防治。每7～10d使用一次，连续防治3～5次。

（7）辣椒褐斑病（图1-26）、叶斑病、疮痂病等（图1-27）可选用1:1:200倍波尔多液，或77%氢氧化铜可湿性粉剂800～1000倍液喷雾。

图1-24　辣椒红色炭疽病病果上的
　　　　轮纹斑

图1-25　辣椒炭疽病病果状

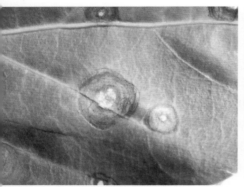

图1-26　辣椒褐斑病病叶

图1-27　辣椒疮痂病田间发病株

　　（8）辣椒疫病（图1-28、图1-29）、细菌性叶斑病（图1-30）　用乙蒜素辣椒专用型2500～3000倍液叶面喷洒，可预防疫病等多种辣椒病害发生，促进植物生长，提高品质。用乙蒜素辣椒专用型1500～2000倍液于发病初期均匀喷雾，重病区隔5～7d再喷1次，可有效控制辣椒病害的发展，并使辣椒恢复正常生长。

　　（9）辣椒叶霉病（图1-31）　大棚栽培在定植前，用硫黄粉熏蒸灭菌。

　　（10）辣椒软腐病（图1-32）　可在雨前雨后及时喷洒药剂，选用50%琥胶肥酸铜可湿性粉剂700～900倍液，或77%氢氧化铜可湿性粉剂800～1000倍液，或14%络氨铜水剂300倍液等喷雾防治，6～7d喷

图1-28　辣椒疫病茎分杈处发病状

图1-29　辣椒疫病果实发病初期典型症状

图1-30　辣椒细菌性叶斑病病叶

图1-31　辣椒叶霉病

1次，连续喷3～4次，注意药剂交替使用。

（11）辣椒灰霉病（图1-33、图1-34）　发病前，每7～10d用0.3%乳化植物油喷雾可起到预防作用。初见病变或连阴雨天后，提倡喷洒100万孢子/g寡雄腐霉菌可湿性粉剂1000～1500倍液，或2.1%丁子·香芹酚水剂600倍液

图1-32　辣椒软腐病病果状

图1-33　辣椒灰霉病病花　　　　　　图1-34　辣椒灰霉病为害果实和枝梗状

等。或发病初期，选用3×10^{8}个活孢子/g哈茨木霉菌可湿性粉剂300倍液，或1%蛇床子素水剂500～800倍液、1：4：600倍的铜皂液400倍液等喷雾防治，5～7d施药一次，连续3～5次。

　　（12）辣椒早疫病　发病初期用氨基酸螯合铜制剂500～600倍液喷雾，每7～10d使用一次，连续2～3次。

　　（13）棉铃虫（图1-35）、烟青虫（图1-36）　用8000IU/μL苏云金杆菌悬浮剂500倍液，或每667m^{2}用10亿PIB/g棉铃虫核型多角体病毒可湿性粉剂80～150g，或20亿PIB/mL棉铃虫核型多角体病毒悬浮剂80～100mL，兑水30～45kg喷雾，与苏云金杆菌配合施用效果好。也可用70亿个活孢子/g白僵菌粉剂750倍液，或0.3%印楝素乳油800～1000倍液、2.5%鱼藤酮乳油750倍液、2%苦参碱水剂2500～3000倍液、0.5%藜芦碱醇溶液800～1000倍液、0.65%茼蒿素水剂400～500倍

图1-35　棉铃虫幼虫为害辣椒果实　　　　图1-36　烟青虫幼虫为害青椒

液等喷雾防治。或在幼虫低龄发生期，每667m²用48％多杀菌素悬浮剂4.2～5.6mL，兑水20～50kg喷雾。

（14）蚜虫（图1-37）　可选用7.5％鱼藤酮乳油1500倍液，或0.3％苦参碱水剂400～600倍液、10％烟碱乳油500～1000倍液、1％印楝素水剂800～1000倍液、15％蓖麻油酸烟碱乳油800～1000倍液、0.65％茚蒿素水剂400～500倍液、0.5％藜芦碱醇溶液800～1000倍液等喷雾防治。

或把蜡蚧轮枝菌粉剂稀释成每毫升含0.1亿个孢子的孢子悬浮液喷雾。

也可用辣椒水喷洒进行防治。辣椒水的制作方法是：用10g红干椒（辣味尽量浓一些）加水1L，煮沸15min，晾凉后喷洒。

（15）白粉虱（图1-38）　用0.3％苦参碱水剂400～600倍液，或乳化植物油300倍液与1.5％除虫菊酯1000倍液混合喷雾。或把蜡蚧轮枝菌稀释到每毫升含0.3亿个孢子的孢子悬浮液喷雾。

图1-37　蚜虫为害辣椒花蕾

图1-38　白粉虱为害辣椒叶片

（16）茶黄螨（图1-39～图1-42）、红蜘蛛（图1-43～图1-45）　尼氏钝绥螨、德氏钝绥螨、冲绳钝绥螨等对茶黄螨有明显的抑制作用（图1-46）。可选用生物制剂如0.3％印楝素乳油800～1000倍液，或2.5％洋金花生物碱水剂500倍液、45％硫黄悬浮剂300倍液、99％机油（矿物油）乳剂200～300倍液、1％苦参碱可溶液剂1200倍液、1.2％烟碱·苦参碱乳油1000～1200倍液、2.5％鱼藤酮乳油400倍液、0.65％茚蒿素水剂300倍液等喷雾防治，每5～7d一次，连续2～3次。以上植物源药品与乳化植

图1-39　茶黄螨为害叶片致内卷

图1-40　茶黄螨为害辣椒叶片背面状

图1-41　茶黄螨为害嫩梢及花器

图1-42　茶黄螨为害辣椒果实

图1-43　红蜘蛛为害辣椒叶片田间表现

图1-44　红蜘蛛为害辣椒叶片正面

图1-45　红蜘蛛为害辣椒叶片背面　　　图1-46　辣椒田释放捕食螨防治茶
黄螨

物油300倍液混合使用，可提高药效。因螨类害虫怕光，常在叶背取食，喷药应注意多喷植株上部的嫩叶背面、嫩茎、花器和嫩果。

（17）蓟马（图1-47）　田间蓟马虫口数量较少时开始使用，一直到收获结束，连续使用3～4个月。可选用0.3％印棟素乳油800倍液，或0.36％苦参碱水剂400倍液、3％除虫菊酯乳油800～1000倍液、2.5％鱼藤酮乳油500倍液、2.5％多杀菌素悬浮剂500倍液等生物药剂喷雾防治。每隔5～7d喷1次，连续喷施3～4次。喷药时加入适量中性洗衣粉或其他展着剂、渗透剂，可增加药液的伸展性。蓟马有昼伏夜出的习性，宜在下午用药。

图1-47　蓟马为害辣椒花器

二、
有机茄子

茄子（图2-1）是茄属中以浆果为产品的一年生草本植物，在我国已有1600年左右的栽培历史，为我国各地栽培最广泛的蔬菜之一，产量高、适应性强、供应期长，在长江流域主要栽培方式有大棚春提早促成栽培（图2-2，塑料

图2-1　茄子果实

大棚10月冷床育苗，翌年2月中下旬定植）、露地及地膜覆盖栽培（图2-3，10月下旬至11月上旬大棚越冬冷床育苗或翌年1月上中旬电热温床育苗，4月上中旬定植）、夏秋栽培（4月上旬至5月下旬露地阳畦育苗，苗龄40～50d后定植）、大棚秋延后栽培（6月中旬播种，7月中旬定植）等。以早春露地及地膜覆盖栽培方式为主。

图2-2　茄子大棚春提早栽培

图2-3　茄子春露地地膜覆盖栽培

1.有机茄子早春露地及地膜覆盖栽培技术要领

【选择品种】露地及地膜覆盖栽培的茄子，应根据当地的消费习惯选用，早、中、晚熟品种均可。

【选择播期】

（1）露地早春栽培　于10月下旬至11月上旬大棚越冬育床育苗或翌年1月上中旬电热温床育苗，翌年4月上中旬定植。

（2）地膜覆盖栽培　播期同露地栽培，也可提早10d左右。

【配制营养土】营养土配方为：近3年未种植过茄果类蔬菜的新鲜菜园土、充分腐熟过筛的农家肥、炭化谷壳（或草木灰）各1/3，拌和均匀。或菜园土与腐熟农家肥按6∶4混匀。

【浸种】种子可采用温汤浸种或药剂浸种后催芽。

【催芽】可在25～30℃温度条件下，置催芽箱中催芽，每隔8～12h用清水洗净种子，洗去种皮上的黏液，控干再催，至80%左右种子露白即播。

【播种】每平方米苗床可播种20～25g。用营养土进行垫籽和盖籽，然后塌地盖上地膜（图2-4），封大棚门，高温高湿促出苗。70%幼苗出土时地膜起拱。

【播种床管理】出苗后适当通风、降温、控湿。尽量控制床温在16～23℃之间，遇晴天应尽可能多通风见光，床土在未露白前选晴天上午

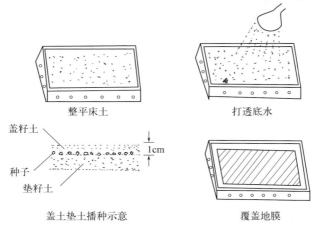

整平床土　　　　　　打透底水

盖籽土
　　　　　　　　　　　　　1cm
种子
垫籽土

盖土垫土播种示意　　　　覆盖地膜

图2-4　茄子冷床育苗播种示意图

及时浇水，保持床土半干半湿。若幼苗出现发黄等缺肥症状，可结合喷水追0.1%的有机水溶肥液1～2次。分苗前应适当炼苗。

【分苗】播种后一个月，选择后续有三四个晴天的上午分苗假植，有条件的最好用10cm×10cm的营养钵分苗（图2-5），或在播种时用营养钵播种，一次成苗。分苗后速浇定根水。

【分苗床管理】分苗后闭密大棚，高温高湿促缓苗。缓苗后适当降温，晴天尽可能多通风见光，如遇长期阴雨天应采用日光灯等人工补光，一般床土面不太干不浇水。若秧苗缺肥，可结合浇水喷0.2%的有机水溶肥液2～3次。为防止床土板结，要适时松土。

【炼苗】定植前一个星期，对秧苗采取降温、控水、通风等炼苗措施。有条件的合作社，可采用基质穴盘育苗（图2-6）或漂浮育苗。

图2-5　茄子苗用营养钵分苗

图2-6　茄子基质穴盘育苗

【整土】深耕晒垡。

【施基肥】选择前茬非茄科蔬菜地块，深翻30cm，结合深翻，每667m²施充分腐熟畜禽粪3000～3500kg（或腐熟大豆饼130～140kg，或腐熟花生饼180～200kg，或腐熟菜籽饼260～280kg），磷矿粉40kg，钾矿粉（或45%生物钾）20kg，EM生物菌液1～2kg。每3年每667m²施生石灰50～100kg。

【做畦】深沟、高畦、窄垄，按1.2m包沟做畦（畦宽0.9m，畦沟宽0.3m），畦沟深15～20cm。畦面盖银灰色反光膜待定植。

【定植】

（1）定植时期　露地栽培在当地终霜期后，日平均气温15℃左右定植，在长江流域，一般于3月中下旬至4月上旬。

地膜覆盖栽培定植期可较露地提前7d左右。趁晴天定植。

（2）定植规格　早熟品种每667m²栽植2200～2500株，中熟种约2000株，晚熟种约1500株。株距33cm左右，行株60cm左右。

（3）定植方法　多采用先开穴后定植，然后浇水的方法。地膜覆盖定植可采用小高畦地膜覆盖栽培，先盖膜，后定植，畦高20～30cm不等（图2-7）。有条件的，还可在地膜下铺设滴灌带（图2-8），全程采用水肥一体化栽培方式。

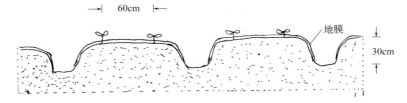

图2-7　茄子地膜覆盖栽培示意图

图2-8　露地茄子滴灌栽培

【第一次中耕追肥】在出苗后可叶面喷施植物诱导剂1200～1500倍液一次。定植时用植物诱导剂800倍液或浓度为10%～15%的腐熟人畜粪水500kg灌根。

【浇缓苗水】定植后4～5d，结合浅中耕，用浓度为20%～30%的人畜粪点蔸提苗，3～5d一次，一直施到开花前。

建议：从缓苗水开始，每667m²用1亿CFU/g枯草芽孢杆菌微囊粒剂（太抗枯芽春）500g+3亿CFU/g哈茨木霉菌可湿性粉剂500g+0.5%几丁聚糖水剂1kg浇灌植株，后期可每月冲施1次。

缓苗后，可喷施1∶1∶200波尔多液2～3次，每隔7～10d一次，有利于预防多种病害。

【施提苗肥】定植后4～5d，结合浅中耕，于晴天土干时用浓度为20%～30%的人畜粪点蔸提苗。阴雨天可用浓度为40%～50%的人畜粪点蔸，或选用含腐植酸或海藻酸或氨基酸的大量元素水溶肥，3～5d一次，一直施到茄子开花前。

【插架】中晚熟品种，应插短支架防倒伏（图2-9）。

【第二次浇水追肥】开花后至坐果前适当控制肥水。生长较差的可在晴天用浓度为10%～20%的人畜粪（或水溶肥）浇泼一次。

【保花保果】幼苗期可用硫酸锌700倍液点浇较小秧苗。若植株徒长，可叶面喷施植物诱导剂800倍液。开花期施硼砂溶液700倍液。遇低温期喷施硫酸锌1000倍液。每667m²施EM生物菌、CM生物菌1～2kg，生长中随浇水进行3～4次。

采用人工授粉、蜜蜂或熊蜂授粉，提高受精率。

【坐果后浇水】生长前期需水较少，土壤较干可结合追肥浇水。第一朵花开放时要控制水分，果实坐住后要及时浇水。

图2-9　茄子插扦绑蔓效果图

【整枝】门茄坐住后，摘除门茄以下的无用营养分枝（图2-11），一般早熟品种多用三杈整枝，中晚熟品种多用双杈整枝（图2-12）。

【摘叶】结果中后期及时摘除失去光合作用的衰老叶片、病果、病叶。每穗果采收后，打掉下部老叶，修剪下老叶、病虫枝，拉秧残株集中运出园外清除。

图2-10　茄子裂果

【第三次浇水追肥】门茄坐果后至第三层果实采收前及时供给肥水，晴天每隔2～3d施一次浓度为30%～40%的人畜粪，雨天土湿时可3～4d一次，用浓度为50%～60%的人畜粪。第三层果采收后以供水为主，结合施用浓度为20%～30%的人畜粪，采收一次追肥一次。结果期可叶面喷施植物修复剂或1%草木灰水浸出液或含氨基酸或含微量元素的叶面肥。

图2-11　给茄子整枝打杈打老叶

【结果期浇水】根据果实生长情况及时浇灌。高温干旱季节可沟灌（图2-13）。

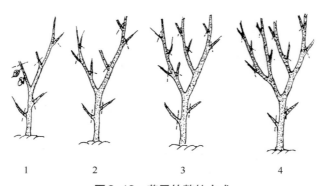

图2-12 茄子的整枝方式

1—单干整枝；2—双干整枝；3—三干整枝；4—四干整枝

【后期浇水追肥】第三层果实采收后，以供给水分为主，结合施用浓度为20%～30%的腐熟粪尿水肥，每采收一次追一次肥。

> **注意**：地膜覆盖栽培宜"少吃多餐"，或随水浇施，或在距茎基部10cm以上行间打孔埋施。中后期还可隔5～7d叶面喷施磷酸二氢钾液以及钙、硼肥，以防脐腐病（图2-14）。

图2-13 茄子沟灌浇水

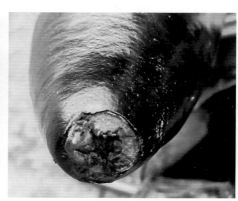

图2-14 茄子脐腐病病果

【及时采收】茄子果实充分长大，有光泽，近萼片边缘果实变白或浅紫色时采收。配置专门的整理、分级、包装等采后商品化处理场地及必要的设施，长途运输要有预冷处理设施。

2. 有机茄子主要病虫害综合防控

【农业防治】

（1）实行轮作　与非茄科作物轮作3年以上，或水旱轮作1年，能预防多种病害，特别是黄萎病。

（2）培育壮苗　育苗时采用营养钵分苗，有条件的采用穴盘育苗。苗期，播种前清除病残体，深翻减少菌源、虫源；要控制好苗床温度，适当控制浇水，保护地要撒干土或草木灰降湿。

（3）嫁接栽培　采用嫁接栽培，可选用野生茄子、日本赤茄、托鲁巴姆、金理1号等作砧木，茄子作接穗，采用劈接法或贴接法嫁接。定植时埋土深度掌握在嫁接接口下2cm，不能过深，不要在嫁接口埋土，防止病菌侵入。

（4）氰氨化钙处理　前茬蔬菜拔秧前5～7d浇一遍水，拔秧后将未完全腐熟的农家肥或农作物碎秸秆均匀地撒在土壤表面，立即将60～80kg/667m²的氰氨化钙均匀撒施在土壤表层，旋耕土壤10cm使其均匀混入，再浇一次水，覆盖地膜，高温闷棚7～15d，然后揭去地膜，放风7～10d后可做垄定植。处理后的土壤栽培前注意增施磷钾肥和生物菌肥。

（5）科学施肥　移栽前土壤施足充分腐熟的有机肥，配施一定的磷钾肥，深翻作高畦，移植后控氮增磷钾肥，促进植株健壮生长。

（6）合理浇水　秧苗浇水要适量，浇水宜在上午进行，最好采用地膜下浇水。天气干旱时要及时浇水，定植后到开花期间，因土温较低，要采取隔垄浇水的方法，结果盛期要小水勤浇。雨量偏多时，要注意排水，不能使地面积水。

（7）加强通风降湿　大棚栽培要在晴天上午晚放风，使棚温迅速升高，当达到33℃时，再开始放顶风，降至20℃时再关闭大棚通风口，夜间棚温保持在15～17℃，阴天要打开棚门通风换气。

（8）适时整枝　门茄坐果后及时打掉门茄以下的侧枝，适时摘除老叶，改善田间通风透光条件，及时摘除病叶、病果，并将病残体带出田外深埋，以防再侵染。阴天不要进行整枝打杈，整枝打杈后要喷药预防。

（9）其他管理　露地栽培要盖地膜，小拱棚栽培要及时盖草帘，防止冻害。定植后在茎基部撒施草木灰或石灰粉，可减少茎部茄子褐纹病、绵疫病等的发生。在斑潜蝇的蛹盛期中耕松土或浇水灭蛹。

（10）种子处理　播种前用55℃温水浸种15min，或52℃温水浸30min，再放入冷水中冷却后催芽，可预防茄子棒孢叶斑病。

用10%磷酸三钠浸种20～30min，充分洗净后催芽播种，或用0.1%高锰酸钾溶液浸种40min清水洗净后浸种催芽，或将干燥的种子置于70℃恒温箱内进行干热处理72h，可预防茄子病毒病。

用0.1亿活孢子/g多黏类芽孢杆菌细粒剂300倍液浸种；或苗床泼浇，用量为0.3g/m²。可预防茄子青枯病。

用0.1%硫酸铜溶液浸种5min，可防治种传的茄子枯萎病。

用0.5%氨基寡糖素水剂400～500倍液浸种6h，可预防青枯病、枯萎病、病毒病等。

【物理防治】

（1）黄板诱杀和银灰膜驱避　利用蚜虫和白粉虱的趋黄性，在田间设置黄色机油或在温室的通风口挂黄板诱杀蚜虫和温室白粉虱（图2-15）。银灰色反光膜对蚜虫具有忌避作用，可在田间用银灰色塑料薄膜进行地膜

图2-15　田间挂黄板诱杀害虫

覆盖栽培，在保护地周围悬挂宽10～15cm的银色塑料挂条。

（2）防虫网阻隔　在温室、大棚的通风口覆盖防虫网，可避免多种害虫的产卵活动。

（3）杀虫灯诱杀　5～10月架设黑光灯、频振式杀虫灯或太阳能杀虫灯诱杀成虫。

（4）糖醋诱杀　斜纹夜蛾、小老虎等，可用黑光灯诱杀和糖、酒、醋液诱杀，后者是用糖6份、酒1份、醋3份、水10份，并加入90%敌百虫1份均匀混合制成糖酒醋诱杀液，用盆盛装，待傍晚时投放在田间，距地面高1m，第二天早晨，收回或加盖，防止诱杀液蒸发。注意：糖醋液仅用于诱杀害虫，残液不要倒在菜地里。

（5）杨树枝诱杀　棉铃虫，可在成虫盛发期，选取带叶杨树枝，剪下长33.3cm左右，每10枝扎成一束，绑挂在竹竿上插在田间，每667m²插20束，使叶束靠近植株，可以诱来大量蛾隐藏在叶束中，于清晨检查，用虫网震落后，捕捉杀死。

（6）性诱剂诱蛾　利用茄黄斑螟性诱剂诱集雄虫。每个诱芯含人工合成的性诱剂50μg，穿铁丝吊在水盆上方，距水面（水中含洗衣粉）1cm，每30m设置1个，既可诱杀又可用于预测虫情。

（7）高温闷棚　大棚栽培，在定植前封闭棚室，使棚温升到60℃以上，表土温度升到40℃以上，利用高温消灭线虫。闷棚前应少翻地，翻后土块不打碎。夏季休闲期，翻地后覆盖地膜，使土温上升，利用高温杀灭土壤中的线虫，重病地块定植前应浇水淹地，可淹杀根结线虫。

（8）土壤高温消毒　夏季高温季节可利用太阳能热力进行土壤消毒。或将消石灰100～150kg/667m²和碎稻草或麦秸1000～2000kg/667m²混匀后，撒施于土壤表面，然后翻耕并浇足水再覆盖地膜，密闭温室或大棚20d左右，使土壤温度持续在50℃左右，杀死土壤中青枯病等土传病菌。

（9）人工捕捉成虫　利用茄二十八星瓢虫成虫的假死性，早晚拍打植株，用盆盛接坠落之虫（图2-16），收集后杀灭。

（10）人工摘除卵块　茄二十八星瓢虫雌成虫产卵集中成群，颜色艳丽，易发现，可在成虫产卵季节摘除卵块。

图2-16　用手拍打植株使瓢虫落入水盆中

图2-17　茄子白粉病叶

图2-18　茄子病毒病植株

【生物防治】利用天敌消灭有害生物，如在温室内释放丽蚜小蜂对防治温室白粉虱有一定的效果。

【药剂防治】

（1）茄子白粉病（图2-17）　大棚栽培，可在定植前每100m³空间用硫黄粉200～250g、锯末500g（掺匀使用），密闭熏一夜。发病初期，可选用0.5%大黄素甲醚水剂1000～2000倍液、50%硫黄悬浮剂300倍液、1%蛇床子素水乳剂300～400倍液、0.2～0.5波美度石硫合剂等喷雾防治，每7d喷施1次，连续2～3次。茄子叶片表面多毛，为增加药剂黏着性和展着性，喷药时可加入0.1%～0.2%的洗衣粉或混入27%高脂膜乳剂300倍液。

（2）茄子病毒病（图2-18）　从定植后1～2d开始，每隔7～10d喷施一次食醋溶液300倍液，连喷3～5次。发病初期，叶面喷红糖或豆汁、牛奶等，可缓减发病，与药一起使用，能增强药剂的防治效果。苗期分苗前后和定植前后用混合脂肪酸100倍液喷洒，可增强植株的抗病毒能力，减少发病。还可喷施病毒钝化剂0.5%菇类蛋白多糖水剂300倍液、4%嘧肽霉素水剂200～300倍液、高锰酸钾800～1000倍液等，隔7～10d喷一次，连喷2～3次，控制病毒的增殖。

(3) 茄子根结线虫病　可定植时在定植穴（沟）内撒2亿活孢子/g淡紫拟青霉杀线虫剂，每667m²使用2.5～3kg，使药剂均匀分散在根系附近，然后定植幼苗、覆土、浇水，防治根结线虫效果好。

(4) 茄子褐纹病（图2-19、图2-20）　苗期或定植前，选用77％氢氧化铜可湿性粉剂600倍液、86.2％氧化亚铜可湿性粉剂2000倍液喷雾，视病情间隔7～10d一次，交替喷施。发病初期，可选用0.1％高锰酸钾＋0.2％磷酸二氢钾＋0.3％细胞分裂素＋0.3％琥胶肥酸铜杀菌剂混合溶液喷雾，重点喷洒植株下部，7～10d一次，连喷2～3次，注意药剂交替使用。或发病前，喷施1∶1∶200波尔多液，每15d喷施1次，连续2～3次。茎部发病严重时，可用波尔多液涂抹患处。

图2-19　茄子褐纹病病叶

图2-20　茄子褐纹病果

(5) 茄子黑根霉果腐病（图2-21）　发病初期，可选用30％碱式硫酸铜悬浮剂400～500倍液，或77％氢氧化铜可湿性粉剂500倍液、50％琥胶肥酸铜可湿性粉剂500倍液、86.2％氧化亚铜悬浮剂700倍液等喷雾防治，隔10d喷一次，连续2～3次。采收前5d停止用药。

(6) 茄子黄萎病（图2-22）　在茄子苗期，用浓度为2g/L的苦参碱水溶液浇灌幼苗，每株25mL，共处理4次，每次间隔3d，或定植时用10亿活孢子/g枯草芽孢杆菌可湿性粉剂按1∶50的药土比混合，每穴撒50g，可以有较好的防病效果。

定植时带药浇穴，用黄腐酸铜500倍液浇于定植穴，每株施药为200～300mL。

图2-21　茄子黑根霉果腐病　　　　图2-22　茄子黄萎病病株自下而上从
　　　　　　　　　　　　　　　　　　　　　　　　一边向全株发展

　　田间发现病株时，可用10％混合氨基酸铜水剂200倍液，每株浇灌300～500mL药液，每隔10d灌根1次，连续2～3次。发病中期，可选用80％乙蒜素乳油1000～1500倍液，或50％琥胶肥酸铜可湿性粉剂400倍液等灌根，每株灌药液250～300mL，5d灌一次，连灌2～3次。采收前20d停止用药。严重时，拔除病株，并用生石灰对土壤消毒。

　　（7）茄子灰霉病（图2-23、图2-24）　发病初期，可喷洒100万亿孢子/g寡雄腐霉菌可湿性粉剂1000～1500倍液，或2.1％丁子·香芹酚水剂600倍液、3亿活孢子/g哈茨木霉菌可湿性粉剂300倍液、1％蛇床子素水剂500～800倍液、10亿孢子/g枯草芽孢杆菌可湿性粉剂300倍液、0.5％大黄素甲醚水剂300倍液，3～5d施药一次，连续3～5次。

　　（8）茄子枯萎病　分苗时，按每667m²苗床用1亿CFU/g健根宝可湿性粉剂100g掺营养土100～150kg，混拌均匀撒入苗床后，再分苗。定植时，按每667m²用1亿CFU/g健根宝可湿性粉剂100g掺细土150～200kg，混匀后每穴撒100g。进入坐果期，按每667m²用10^8CFU/g健根宝可湿性粉剂100g兑45kg水灌根，每株灌250～300mL。

　　发病初期，可用0.5％氨基寡糖素水剂400倍液灌根，每株300～500mL，每7d灌根1次，连续2～3次。

　　在茄子开花结果前，选用50％琥胶肥酸铜可湿性粉剂500～700倍液，或80％乙蒜素乳油1000～1500倍液等喷雾防治，视病情间隔7～15d喷一次。

图2-23　茄子苗期灰霉病叶　　　　　　图2-24　茄子灰霉病果发病状

（9）茄子绵疫病（图2-25）　定植前：先将茄苗用1∶1∶200的波尔多液喷雾后带药定植。

发病前期，喷施1∶1∶200倍的波尔多液，每15d喷雾1次，连续2～3次。或在发病初期，选用56%氧化亚铜可湿性粉剂500倍液，或77%氢氧化铜可湿性微粒粉剂400～500倍液等喷雾防治，重点喷果实。7～10d一次，连喷3～4次，注意药剂应交替使用。或喷施氨基酸螯合铜制剂500倍液，每7～10d一次，连续2～3次。

（10）茄子青枯病（图2-26、图2-27）　定植后或发病初期，可选用10亿活芽孢/g枯草芽孢杆菌可湿性粉剂700倍液，或1000亿活芽孢/g枯草芽孢杆菌可湿性粉剂1500～2000倍液、8亿活芽孢/g蜡质芽孢杆菌可湿性粉剂100～200倍液、80%乙蒜素乳油1000～1100倍液、77%氢氧化铜可湿性微粒粉剂500倍液等喷淋或灌根，每株灌药液250～500mL。

图2-25　茄子绵疫病果挂在树枝上状　　　图2-26　茄子青枯病发病株

图2-27　茄子青枯病维管束变褐

图2-28　茄子早疫病苗期发病状

图2-29　茄子早疫病病叶

发病初期用55亿个/g荧光假单胞杆菌可湿性粉剂2000～3000倍液，均匀喷雾，间隔7d，连喷2次，具有较好的防效。用77%氢氧化铜可湿性粉剂500倍液灌根，每株灌300mL，每10d灌根1次，连灌2～3次。

用10亿CFU/g多黏类芽孢杆菌可湿性粉剂100倍液浸种，或10亿CFU/g多黏类芽孢杆菌可湿性粉剂3000倍液泼浇，或每667m²用10亿CFU/g多黏类芽孢杆菌可湿性粉剂440～680g，兑水80～100kg灌根。播种前种子用本药剂100倍液浸种30min，浸种后的余液泼浇营养钵或苗床；育苗时的用药量为种植667m²或1hm²地所需营养钵或苗床面积的量折算；移栽定植时和初发病前始花期各用1次。

（11）茄子早疫病（图2-28、图2-29）　棚室消毒。连年发病的温室、大棚，在定植前密闭棚室后按每100m³空间用硫黄0.25kg、锯末0.5kg，混匀后分几堆点燃熏烟一夜。

定植后，每10～15d喷洒一次1∶1∶200倍的波尔多液。发现病株时及时用药。可选用0.3%

檗·酮·苦参碱水剂800～1000倍液等喷雾防治。

（12）茄子猝倒病（图2-30）和立枯病　育苗时，每1m²用1亿CFU/g健根宝可湿性粉剂10g与15～20kg细土混匀，1/3撒于种子底部，2/3覆于种子上面，可预防茄子猝倒病和立枯病。

在配制育苗营养土时，每1m³营养土加入硫黄0.5kg、1亿菌落/g健根宝可湿性粉剂60g搅拌均匀，可预防茄子猝倒病和立枯病。

在配制育苗营养土时，将哈茨木霉菌根用型药剂110～220g，兑水后与1m³配好的基质混合后进行育苗。幼苗出土后每1m²苗床用2～3g哈茨木霉菌根用型兑水后喷雾，每5～7d喷施一次，连续2～3次，可预防茄子猝倒病和立枯病。

（13）茄子白绢病（图2-31、图2-32）　每667m²用哈茨木霉菌0.4～0.5kg，加细土50kg混匀后把菌土撒施在病株茎基部，若结合枯草芽孢杆菌等微生物菌剂，在未发病时结合"三水定苗"灌施2～3次，可提前预防白绢病、枯萎病、青枯病等土传病害，一举多得。

图2-30　茄子猝倒病株田间发病状

图2-31　茄子白绢病发病成株期田间表现为植株萎蔫

图2-32　茄子白绢病菜籽大小菌核

在茄子移栽前7d用6%寡糖·链蛋白可湿性粉剂1000倍液喷淋秧苗，并在定植缓苗后、开花前、结果盛期，单独或和其他药剂混合喷洒，可减轻病害发生。

（14）茄子炭疽病　发病初期，用0.5%大黄素甲醚水剂300倍液，或哈茨木霉菌500倍液喷雾防治，每5～7d喷施一次，连续2～3次。

（15）茄子软腐病、茄子细菌性叶斑病　露地茄子在降雨后，及时喷洒53.8%氢氧化铜干悬浮剂1000倍液，或86.2%氧氯化铜可湿性粉剂1000倍液等，每隔7d喷药1次，连续防治2～3次。

（16）温室白粉虱（图2-33）　可选用2000IU/mg苏云金杆菌乳剂500倍液，或0.65%茼蒿素水剂400倍液、2.5%苦参碱乳油3000倍液、0.3%印楝素乳油1000～1300倍液喷雾；也可用20%～30%的烟叶水喷雾或用南瓜叶加少量水捣烂后2份原汁液加3份水进行喷雾；或把蜡蚧轮枝菌稀释成每毫升含0.3亿个孢子的孢子悬浮液喷雾。

（17）茄黄斑螟（图2-34～图2-36）　幼虫孵化始盛期，可用2000IU/mg苏云金杆菌乳剂500倍液，或70亿个活孢子/g白僵菌粉剂750倍液、0.3%印楝素乳油800～1000倍液、2.5%鱼藤酮乳油750倍液、2%苦参碱水剂2500～3000倍液、0.5%藜芦碱醇溶液800～1000倍液、0.65%茼蒿素水剂400～500倍液等喷雾防治，注意药剂交替轮换使用。喷药时一定要均匀喷到植株的花蕾、子房、叶背、叶面和茎秆上。喷药液量以湿润有滴液为度。

图2-33　温室白粉虱成虫为害茄子叶片

图2-34　茄黄斑螟为害上部枝梢造成枯萎

图2-35 茄黄斑螟为害茄子果实上的 孔洞

图2-36 茄黄斑螟幼虫微距图

（18）茶黄螨（图2-37、图2-38）、红蜘蛛（图2-39～图2-42)等　可选用 0.3%印楝素乳油800～1000倍液，或45%硫黄胶悬剂300倍液、99%机油

图2-37 茶黄螨为害茄子叶片背面造 成油渍状

图2-38 茶黄螨为害茄子造成木栓 化果实

图2-39 红蜘蛛为害茄子田间叶片 表现

图2-40 红蜘蛛为害茄子叶片背面

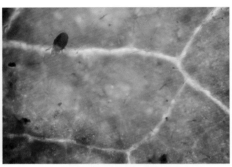

图2-41　红蜘蛛为害茄子果实造成　　　　图2-42　红蜘蛛低倍镜显微摄影
　　　　　油浸果

（矿物油）乳剂200～300倍液、1%苦参碱可溶液剂1200倍液、0.5%藜芦碱可湿性粉剂300倍液、1.2%烟碱·苦参碱乳油1000～1200倍液等喷雾防治。

　　（19）茄二十八星瓢虫（图2-43、图2-44）、蚜虫、蓟马（图2-45）、夜蛾类（图2-46、图2-47）害虫等　用7.5%鱼藤酮乳油1500倍液防治蚜虫、夜蛾类害虫、茄二十八星瓢虫等。

　　用0.3%印楝素乳油1000～1300倍液防治棉铃虫、夜蛾类害虫、蚜虫、茄二十八星瓢虫等。

　　用1.5%天然除虫菊素600～800倍液防治蚜虫、蓟马、叶螨等，每5d一次，连续2～3次。

图2-43　茄二十八星瓢虫成虫　　　　　图2-44　茄二十八星瓢虫幼虫及为害
　　　　　　　　　　　　　　　　　　　　　　　　叶片状

图2-45
蓟马为害茄子果实状

图2-46
斜纹夜蛾幼虫为害茄
子果实

图2-47
甜菜夜蛾在茄子叶片
上为害

可选用0.65％茴蒿素水剂500倍液、3％苦参碱水剂800倍液等喷雾防治茄二十八星瓢虫。

用2.5％多杀菌素悬浮剂1000～1500倍液，于蓟马发生初期喷雾，重点喷洒幼嫩组织，如花、幼果、顶尖及嫩梢，隔5～7d施药1次，共2～3次。

（20）美洲斑潜蝇（图2-48）　在成虫高峰期，卵孵化盛期或初龄幼虫高峰期，选用0.6％苦参碱水剂400～500倍液，或0.3％印楝素乳油1000倍液、1.5％除虫菊素水剂500～800倍液、0.5％藜芦碱可湿性粉剂500倍液等喷雾防治，每隔7d喷施1次，连续2～3次。在防治美洲斑潜蝇成虫时，宜在早晨8～10时进行。

图2-48　美洲斑潜蝇为害茄子叶片

三、有机番茄

番茄（图3-1，图3-2）是茄科番茄属草本植物，在长江流域，其主要栽培方式有大棚早春栽培（图3-3，越冬冷床育苗一般在11月上中旬播种，如采用电热育苗可在12月中下旬播种，于翌年2月中下旬定植于大棚）、春露地栽培（图3-4，12月上中旬播种，3月下旬至4月上旬定植）、越夏露地栽培（4月下旬至5月上旬播种，6月中旬定植）、大棚秋延后栽

图3-1　普通番茄果实

图3-2　小果型樱桃番茄

图3-3　早春大棚番茄栽培

图3-4　番茄春露地地膜覆盖栽培

培（7月中下旬播种，8月中下旬定植）。以春露地栽培方式较多。

1. 有机番茄春露地栽培技术要领

【选择品种】早熟栽培宜选择自封顶生长类型的早熟丰产品种，晚熟栽培宜选择生长势强的无限生长类型品种。

【适期育苗】12月上中旬。多采用温室或大棚铺地热线、酿热温床、冷床播种育苗。

【种子消毒】将种子进行消毒处理。用10%磷酸三钠浸种20min，可预防病毒病。药剂浸种后，均需用清水洗净。

【浸种催芽】种子消毒后用常温水浸种5～6h，晾干表面浮水，置25～28℃下催芽，每天用温水淘洗一次，70%种子露白后播种。

【配制营养土】由充分腐熟的农家肥7份与肥沃园土3份，粉碎过筛后备用。若是采用穴盘育苗，可购买商品基质。

【播种】可采用两种方法。

（1）苗床撒播（图3-5）每平方米播种8～10g为宜，播种后覆盖厚约1cm细土，并盖草木灰。播后盖地膜保温保湿。

（2）营养钵播种（图3-6）营养钵每钵播种2～3粒。上盖消毒细土，营养钵间用细土填满钵间空隙，喷一层薄水。

【苗期管理】播种后密闭大棚，高温高湿促出苗。幼芽拱土时撤掉塌地膜，适当降低温度。营养钵播种，床土易干燥，应适时喷水。出现"戴帽"，可在喷湿后人为帮助"摘帽"，不能干"摘帽"。注意防止低温多湿。气温

图3-5　番茄苗床播种

图3-6　番茄营养钵分苗或播种

过高应适期放风。

【分苗】撒播育苗的，一般要分苗一次，在2～3片真叶前，选择有三四个晴天的晴天上午分苗假植，以营养钵分苗最好。密度为10cm×10cm。及时浇定根水。

【分苗床管理】分苗后密闭大棚，高温高湿促缓苗。缓苗后适当降温，加强通风透气，即使是阴天也要在中午透气1～2h。遇寒潮侵袭时应加强保温增温，可采用大棚内套小拱棚，小拱上加盖草帘等防寒，有条件的可采用地热线加温，或大棚燃烧块加温。若缺肥，可叶面喷施0.3％尿素+0.1％磷酸二氢钾混合液2～3次。

【炼苗】定植前一周，采取控水、逐渐加大通风量等措施炼苗。

有条件的，还可采用泥炭营养块育苗（图3-7）。

图3-7　番茄泥炭营养块育苗

此外，有条件的，最好采用嫁接育苗，其嫁接育苗方式有插接法（图3-8）、劈接法（图3-9）、舌形靠接法（图3-10）等，此处不专门叙述。

注意： 不宜采用穴盘基质育苗。要特别注意番茄的苗龄，选用健壮苗，不宜采用超龄苗（图3-11）。

【土壤整理】与非茄科作物进行2～3年的轮作。深翻（图3-12）25～30cm。

【施基肥】每667m² 施腐熟优质有机肥2500～3000kg（或腐熟大豆饼肥130kg，或腐熟花生饼肥150kg）、磷矿粉40kg、钾矿粉20kg、腐植酸肥或生物有机肥100kg、硼酸（砂）1～2kg，结合耕翻全耕作层全面施肥。

【做畦】定植前10～15d开始整地做畦，畦宽1.0～1.5m（包沟），沟深20cm，定植前一周左右铺盖地膜升温。

【定植】一般在当地晚霜期后，耕层5～10cm深的地温稳定通过12℃时定植。长江流域一般在3月下旬定植。若遇到阴雨大风天气，应适当延迟定植。

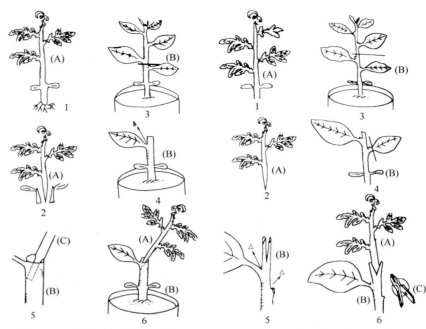

图3-8　番茄插接法嫁接示意图

（A）番茄苗　（B）砧木苗　（C）竹签
1—番茄苗起苗；2—番茄苗削切；
3—砧木苗平茬；4—砧木去腋芽；
5—砧木插孔；6—番茄苗插接

图3-9　番茄劈接法嫁接示意图

（A）番茄苗　（B）砧木苗　（C）嫁接用夹
1—起苗；2—番茄苗削切；3—砧木苗平茬；
4—砧木苗去叶；5—砧木劈切、去腋芽；
6—插接，固定接口；△—去掉砧木腋芽

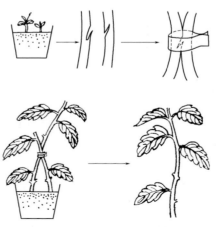

图3-10　番茄舌形靠接法嫁接示意图

图3-11　超龄番茄基质苗

图3-12　土壤深翻

早熟品种，一般每667m² 栽4000株（提早打顶摘心的，栽5000～6000株）。一般采用畦作，畦宽1～1.5m，定植2～4行，株距25～33cm。

中晚熟品种，栽3500株左右（双干整枝，高架栽培栽2000株左右）。采用畦作，畦宽一般为1.0～1.1m，每畦栽2行，株距35～40cm；采用垄栽，一般垄距为55～60cm，株距35～40cm，每667m² 栽3500株左右（图3-13）。

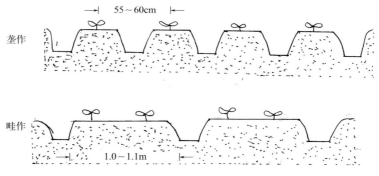
图3-13　番茄春露地栽培畦作与垄作示意图

定植最好选择无风的晴天进行。定植后随即浇定根水。

如果番茄苗在苗床因管理不善而徒长，定植时可进行卧栽（露在上面的茎尖稍向南倾斜）（图3-14）。

【浇缓苗水】定植5～7d缓苗后再浇一次缓苗水，浇水量不可过多。

建议：从缓苗水开始，每667m²用1亿CFU/g枯草芽孢杆菌微囊粒剂500g+3亿CFU/g哈茨木霉菌可湿性粉剂500g+0.5％几丁聚糖水剂1kg浇灌植株（图3-15），后期可每月冲施1次。

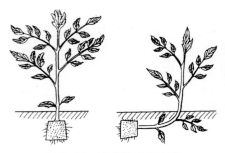

图3-14　番茄的定植方法

左：健壮苗的定植；右：徒长苗的定植

图3-15　大棚早春番茄给植株灌微生物菌剂防病（示意）

【插架绑蔓】番茄定植后到开花前要进行插架绑蔓。

插架可用竹竿、细木杆及专用塑料杆。高架多采用人字架和篱笆架，矮架多采用单干支柱、三脚架、四脚架或六脚架等（图3-16、图3-17）。

建议：缓苗后，可叶面喷施1：1：200波尔多液2～3次，每隔7～10d一次，有利于预防多种病害。

图3-16　番茄单干架

图3-17　番茄四脚架

绑蔓（图3-18），要求随着植株的向上生长及时进行。绑蔓要松紧适度。绑蔓要把果穗调整在架内，茎叶调整到架外。

【中耕除草】除地膜覆盖不需中耕外，其他方式要及时进行中耕除草。浇缓苗水后，或在雨后或灌水后，待土壤水分稍干后均要及时进行中耕除草3～5次，中耕深度2～5cm。浇水、雨后淋湿和踩踏的土壤，要及时松土破板，早春中耕松土保墒保湿。中耕结合除草进行。

除草时一般就地取土把草压在地膜下，大草要人工拔除。

【第一次浇水追肥】坐果前，应结合浇缓苗水早施提苗肥，每667m²追施腐熟稀薄粪尿500kg，或缓苗后结合中耕每667m²穴施（穴深10cm，距离植株15～20cm）充分腐熟农家肥500kg。

此外，为防止果实脐腐病（图3-19），要注意提前根外追施糖醇钙等含钙叶面肥，可结合喷药防病一起进行。

图3-18　用绑蔓枪给番茄绑蔓效果图　　　图3-19　番茄脐腐病病果

【蹲苗】缓苗后到第一花穗坐果期，一般不需浇水施肥，要进行蹲苗促根下扎，早熟品种蹲苗时间不宜过长；中晚熟品种，蹲苗时间可适当延长以控制徒长。

【整枝】早熟栽培时，一般采用单干整枝法。自封顶品种进行高产栽培和无限生长番茄幼苗短缺稀植时可用双干整枝、改良式单干整枝或换头式整枝法（图3-20）。

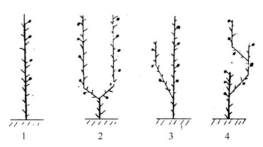

图3-20　番茄整枝示意图
1—单干式；2—双干式；3——干半式；4—换头式

【打杈】结合整枝疏花疏果，摘除老叶、病叶。当侧枝生长到5～7cm长时开始打杈，打杈时原则上见杈就打，但生长势弱或叶片数量少的品种，应待侧枝长到3～6cm长时，分期、分批摘除。自封顶品种封顶后，顶部所发侧枝可摘花留叶，防止日灼。

【保花保果】对结果性好的品种及时疏花疏果，每个花序留2～4个果。使用授粉棒，人工辅助授粉。或开花后放熊蜂，每667m²放置1箱蜂，保持放蜂温度12～30℃，高温时注意遮阳降温。

当果径达1～2cm时，第一穗选留2～3个果实，上部每穗选留3～4个果实；一般留3穗果，并尽早摘除病果、畸形果及多余的花果。

【第二次浇水追肥】当第一穗果坐住后，每667m²施用豆粕发酵液（豆粕:水=1:15）400kg，天然矿物硫酸钾15～20kg，并及时浇水；若采用水肥一体化技术（图3-21），也可每667m²用硫酸钾镁肥15kg，兑水溶解后，随灌溉系统施入，在第一穗果开花时、第二穗果坐果、第三穗果坐果时分别追肥3次；还可每隔20～30d，叶面喷赛众28，根部浇施EM生物菌液等。

图3-21　田间用于水肥一体化的滴灌带

图3-22　番茄摘心示意图

【浇水】结果期后，视情况，4～6d浇一次水，整个结果期保持土壤湿润。采用滴灌的，每天滴灌一次，每次2～3h。阴天少浇或不浇水。

【摘心】自封顶类型的番茄自行封顶，不必摘心，但无限生长类型品种在留足果穗数后上留2片叶左右摘心（图3-22）。

【第三、四次浇水追肥】第二穗果开始膨大时，每667m²施豆粕发酵液（豆粕:水=1:15）400kg，并及时浇水；第三穗果开始膨大时，每667m²施豆粕发酵液（豆粕:水=1:15）300kg，天然矿物硫酸钾

12～15kg，并及时浇水。以后保持土壤见干见湿，坐果后切忌土壤忽干忽湿。追肥也可用自制的液肥，或产气3个月以上的沼液。

【摘叶】第一穗果开始成熟采收时，及时将下部的叶片打掉，并适当疏除过密的叶片和果实周围的小叶。

【抗旱排涝】生长中后期雨水多时，要做到及时排水防渍。

【采收】果实7～8成熟时采摘。采收时，应避开高温，夏季上午9点之前或下午3点以后，成熟果实及时采收。采收时，应托住果实，拧下，防止机械损伤，采后及时进入分级、包装车间。

2. 有机番茄主要病虫害综合防控

【农业防治】

（1）合理轮作　最好进行水旱轮作，也可与大葱、韭菜、辣椒、大蒜类抗耐病的作物轮作2～3年以上，可有效地降低田间病原菌的数量，控制病害的发生。

（2）施生石灰　深翻土地，结合整地，对酸性土壤，在做畦时每667m² 施入生石灰100kg，定植后在秧苗基部周围再撒一把石灰，调节土壤pH至7以上。

（3）培育壮苗　提倡用营养钵、营养袋等培育无病壮苗，并尽可能远离其他茄科作物田。科学确定播种期、定植期，不要过早播种，以避开低温寡照的生长季节。苗期最低温度不能长期低于10℃，高温不超过25℃。定植后以13～27℃为好。

（4）嫁接防病　在重病区，建议利用赤茄、野生番茄、砧木一号等作砧木，采用劈接或靠接的方法进行嫁接栽培，是目前生产中防治番茄青枯病的有效措施。

（5）营养防病　施肥时做到"施足基肥、早施苗肥、重施蕾肥"，一次性施足基肥，增施磷钾肥，施用充分腐熟的有机肥或草木灰、"5406"3号菌500倍液，必要时用10mg/kg硼酸液作根外追肥。结合施肥可施用一定量的生物菌肥。

合理施用氮素化肥，及时追肥，果实膨大期少施氮肥，多施钾肥和铁元素。可叶面喷施磷酸二氢钾2000倍液或0.2％的葡萄糖+0.1％磷酸二氢钾混合液、磷酸二氢钾和氨基酸钙的混合液、金维素800倍液、鱼蛋白有机肥80倍液等叶面肥。有条件的，可在冬季增施二氧化碳气肥。

露地和秋延后栽培喷锌、硅、钼防治病毒病；越冬和早春茬喷铜、钙防治细菌性病害。轻度病害每隔7d用一次铜皂液（硫酸铜、肥皂各50g对水14kg）；重度病害用波尔多液（50g硫酸铜、40g生石灰液，兑水至14kg同时倒入容器叶面喷洒，防早、晚疫病）。叶面喷钾、硼防真菌病害。经常浇施EM生物菌液可防治死秧、根结线虫等。在20℃左右时，以浇施或叶背喷雾为好。

（6）中耕培土　提前到苗期根还未伸展时进行中耕培土，进入开花期根展开后尽量不要培土和中耕。

（7）适时浇水　看天、看地、看作物，适时适量浇水。保护地内冬季连阴天后骤晴不要急于浇水，待土壤温度恢复后再浇水。阴雨天不浇水，晴天上午浇水。

有条件的，宜采用膜下滴灌技术，一般于定植前15d左右按地形铺设滴管，然后覆盖黑色或银灰色膜，用土把地膜封好、压实。灌溉时尽量选择晴天进行滴灌，切忌大水漫灌和膜外灌水，灌水频次一般春季间隔10～15d，夏季间隔8～10d，冬季间隔15～20d。通过提前覆膜结合夏秋季的高温，可杀死部分病原菌和杂草。采用膜下滴灌可在番茄不同生长时期对水分需求进行控制，此措施大大降低了病害的发生、流行。

（8）科学整枝　早上叶片湿度大、露水多时，不要进行整枝、采摘等农事操作。晴天整枝打叶后，将病残体带出棚外深埋或烧毁。

（9）清除菌源　发生灰霉病的，在清除病组织时要用塑料袋包严。在番茄坐果后要及时摘除残花。

发现青枯病、软腐病、枯萎病等病株及时拔除，在田外深埋或烧毁，病穴处可用石灰彻底消毒杀菌，并避免此时进行浇水。

（10）种子处理　选用抗耐病品种。选用未进行化学处理的种子。采取温水浸种的方法，进行种子筛选和消毒处理。先将番茄种子在凉水中浸泡10min，然后放入50℃的温水中，并不断快速搅拌，使种子受热均匀，并随时补充热水，使水温稳定在50～52℃，20～30min后捞出放在凉水中散去余热，然后在25～30℃的温水中浸种4～6h，之后用手多次搓洗种子，将种子表面黏液洗净捞出，用洁净的湿布包好。

也可再用0.1%高锰酸钾液浸泡30min，洗净后再催芽播种。或用0.1%硫酸铜浸种5min，洗净后催芽播种。

将充分干燥的种子置于70℃恒温箱内干热处理72h，可杀死许多病原物，而不降低种子发芽率。尤其对防止病毒病效果好。

【物理防治】

（1）黄板诱杀　设黄板或黄条诱杀蚜虫、粉虱、潜叶蝇。

（2）杀虫灯诱杀　用频振式杀虫灯、黑光灯、高压汞灯等诱杀害虫。

（3）防虫网、遮阳网阻隔　夏播苗床覆盖防虫网、遮阳网或搭防雨棚，可降温、防蚜、通风、防雨水直接冲刷苗床，能明显减少病毒入侵。及时早栽，加强管理，促使早发。

（4）高温杀虫　在休闲季节还可利用夏季高温，在盛夏挖沟起垄，沟内灌满水，然后盖地膜密闭大棚2周，使30cm内土层温度达54℃，保持40min以上。

（5）氰氨化钙消毒　对于根结线虫病等土传病害严重的大棚，可利用6月中旬至7月下旬温室、塑料大棚闲置季节前茬收完后，立刻挖除根茬烧毁，每667m²用氰氨化钙50～100kg均匀撒在土壤表面，再撒4～6cm长的碎麦秸或碎稻草600～1300kg，翻地或旋耕深20cm以上，起垄，垄高30cm、宽40～60cm，垄间距40～50cm。覆地膜，四周用土封严。膜下垄沟灌水至垄肩部。要求20cm土层温度达40℃，维持7d，或37℃维持20d，如遇阴雨天适当延长覆膜时间。单用此法对根结线虫防效达69%。

（6）硫黄熏蒸　大棚栽培的宜在定植前几天将大棚密闭，每100m³空间用硫黄粉250g、锯末500g，掺匀后分别装入小塑料袋，分放在大棚内，在晚上点燃熏一夜。可预防白粉病、茶黄螨等病虫害的发生。

【药剂防治】

（1）番茄白粉病（图3-23）　发病初期，可选用乳化植物油300倍液、0.4%低聚糖素水剂250～400倍液、0.3%丁子香酚可溶液剂1000～1200倍液、0.5%大黄素甲醚水剂500～600倍液、50%硫黄悬浮剂200～300倍液等喷雾防治，一般每隔7～10d喷施一次，连喷3～4次。

用27％高脂膜乳剂100倍液于发病初期喷洒在叶片上，形成一层保护膜，一般每隔5～6d喷一次，连续喷3～4次。

图3-23　番茄白粉病病叶

（2）番茄白绢病（图3-24、图3-25）施用人工培养好的哈茨木霉菌0.4～0.5kg，加细土50kg混匀后把菌土撒施在病株茎基部，每株施50g左右。或用5％井冈霉素A可溶粉剂1000～1500倍液浇灌，每株灌兑好的药液500mL，隔7d再灌一次。

图3-24　番茄白绢病植株萎蔫

图3-25　番茄白绢病菜籽状菌核

（3）番茄病毒病（图3-26）从定植后二三天开始至花果期，用米醋或食用醋100～500倍液（低温时用250～300倍液，气温高时用300～500倍液），每隔7～10d喷施一次，连喷3～5次。

在番茄分苗、定植、绑蔓、打杈前，先喷1％肥皂水加0.2％～0.4％

的磷酸二氢钾或1：（20～40）的豆浆或豆奶粉，预防接触传染。

用海藻酸钠（海带胶）、高脂膜等喷布于植株上形成一层薄薄的保护膜，阻止和减轻病毒的入侵，一般使用200～500倍水稀释液喷施2～4次。

番茄缓苗以后，用0.1％高锰酸钾水溶液喷雾，每周1次，连喷3～5次，可预防蕨叶型病毒病。如果番茄植株已经发病，可用0.1％高锰酸钾每天喷1次，连续喷7d，一般即可治愈。对于发病较重的番茄，喷洒药液后观察

图3-26　番茄斑萎病毒病病果上的坏死环斑

3～4d，如蕨叶型病毒病还有发展趋势，可用同样的浓度再连喷3～5d，喷药时间为每天上午9～11时。

在番茄开花结果前，每667m² 用红糖100～150g+尿素50～80g，兑水30kg对全株叶片均匀喷雾，可预防病毒病的发生。

（4）番茄根结线虫病　先在苗床上撒2亿活孢子/g淡紫拟青霉粉剂4～5g，混土层厚度10～15cm；定植时每667m² 用粉剂2.5～3kg撒在定植沟内，使其均匀分布在根附近，然后定植。

或每平方米苗床用2.5亿个孢子/g厚孢轮枝菌微粒剂3～4g混土均匀，然后育苗。也可每667m² 用微粒剂2～2.5kg均匀撒在定植沟内，施药后覆土浇水。

或每667m² 用2亿CFU/mL嗜硫小红卵菌HN-1悬浮剂400～600mL，兑水稀释后灌根。

或每667m² 用100亿芽孢/g坚强芽孢杆菌可湿性粉剂400～800g，兑水稀释后灌根。

在播种或定植前15d，每667m² 用1.1％苦参碱粉剂3～5kg等药剂均匀撒施后耕翻，或在定植行中间开沟条施或沟施，每667m² 施入上述药剂2～3.5kg，覆土踏实。如果穴施，则每667m² 用上述药剂1～2kg，施药拌土。

在水溶肥中添加6%大蒜素，也有防治根结线虫病的效果。

臭氧水处理。番茄定植前，将土壤全部深翻整地后，浇灌浓度为1.0mg/kg的臭氧水4次，间隔7d一次，浇水量控制在完全浸湿30cm土层，但无明显积水。对植株根结线虫病的相对防效达72.1%。

（5）番茄灰霉病（图3-27、图3-28）　发病前，每隔15d，用1:1:200倍的波尔多液喷雾1次，连喷3～5次，对灰霉病有预防作用。

发病初期，可选用3×10^{8}个活孢子/g哈茨木霉菌可湿性粉剂300倍液，或1%蛇床子素水剂500～800倍液喷雾，每隔5～7d施药一次，连续3次。也可用碳酸氢钠500倍液喷施（配制要用清水，不能使用热水，要用清洁水，防止碳酸氢钠分解而失去杀菌效果，要随配随用，不要与其他杀菌剂混用），每隔3d使用1次，连续使用5～6次。

图3-27　番茄灰霉病病叶　　　　图3-28　番茄灰霉病病果

发病盛期，选用100万孢子/g寡雄腐霉可湿性粉剂1000～1500倍液于初见病斑或连阴2d时开始喷药，每隔7～10d一次，连续防治2次；或用2.1%丁子·香芹酚水剂600～800倍液、0.4%低聚糖素水剂250～400倍液、20%银杏提取物可湿性粉剂600～1000倍液等喷雾；还可用红糖发酵液防治，取红糖、酵母、水按30:1:50的比例混匀，在室温下发酵15～20d，等长出一层白膜为止，使用时取红糖发酵液500mL、烧酒100g、米醋100g，加入50kg清水中混合均匀后，进行喷雾。每隔7d喷施1次，共喷4～5次。

（6）番茄煤霉病（图3-29、图3-30）　发病初期，用77%氢氧化铜可湿性粉剂1000倍液、30%氧氯化铜悬浮剂500倍液等喷雾。

图3-29 番茄煤霉病病叶片正面边缘
明显的黄褐色病斑

图3-30 番茄煤霉病发病严重时致病
叶发黄枯萎

（7）番茄枯萎病（图3-31）

① 育苗时，每平方米用1亿CFU/g健根宝可湿性粉剂10g与15～20kg细土混匀，1/3撒于种子底部，2/3覆于种子上面。

② 分苗时，按每667m²苗床用1亿CFU/g健根宝可湿性粉剂100g掺营养土100～150kg，混拌均匀后撒施于苗床，再进行分苗。

③ 定植时，按每667m²用1亿CFU/g健根宝可湿性粉剂100g掺细土150～200kg，混匀后每穴撒100g。

④ 进入坐果期，每667m²用1亿CFU/g健根宝可湿性粉剂100g兑水45kg灌根，每株灌250～300mL，以后视病情连续灌2～3次。

移栽时每株施用木霉菌剂2g，或用80%乙蒜素乳油1100倍液灌根。

（8）番茄灰叶斑病（图3-32～图3-34）　发病初期，可选用57.6%氢氧化铜水分散粒剂1000倍液喷雾防治。

（9）番茄晚疫病（图3-35～图3-38）　将弱毒疫苗N14接种于番茄幼苗，对晚疫病苗期防效为80%～97%，成株期防效达96%～98%。

苗期可进行保护性喷药，可用波尔多液1∶1∶（200～250）倍液（盛花期不能用波尔多液）。定植前再喷一次。

定植后，强调在雨季来临之前5～7d施药一次，当田间出现中心病株后，立即拔除深埋或烧毁，并用硫酸铜液喷洒地面消毒，并立即全面喷药，反复3～4次喷药封锁。

用2.1%丁子·香芹酚水剂100倍液涂抹发病处，可明显压低菌源数量。

图3-31　番茄枯萎病病株

图3-32　番茄灰叶斑病田间发病状

图3-33　番茄灰叶斑病小斑型灰叶斑
　　　　病发病表现

图3-34　番茄灰叶斑病枝条上的病斑

　　发病初期，可用1∶1∶200的波尔多液，或10％多抗霉素可湿性粉剂500倍液、77％氢氧化铜可湿性粉剂600倍液喷雾，每5～7d喷一次，连喷3～4次。或发病初期，喷施氨基酸螯合铜制剂500倍液，每7～10d使用一次，连续2～3次。

图3-35　番茄晚疫病病枝　　　　图3-36　番茄晚疫病发病果油浸状大斑

图3-37　番茄晚疫病病叶发病初水渍　　图3-38　番茄晚疫病病叶背现白色
状病斑　　　　　　　　　　　　霉层

（10）番茄叶霉病（图3-39、图3-40）　发病初期，可用1∶1∶200波
尔多液喷雾，每隔10～15d一次，连续2～3次。或用50%硫黄悬浮剂
800倍液、哈茨木霉菌叶用型300倍液、0.4%低聚糖素水剂250～400
倍液、48%碱式硫酸铜悬浮剂800倍液、12.5%松脂酸铜乳油600倍液、

图3-39　番茄叶霉病病叶正面　　　　图3-40　番茄叶霉病病叶背面

氨基酸螯合铜制剂 500 倍液、碳酸氢钠水溶液 500 倍液等喷雾防治，每 7 ～ 10d 使用一次，连续 2 ～ 3 次。

每 667m² 用 "5406" 菌种粉 2.5kg，与碾碎的饼肥 10 ～ 15kg 均匀混合施于定植沟内，或用 "5406" 3 号剂 600 倍液叶面喷雾，可减轻发病。

图 3-41　番茄早疫病病叶

（11）番茄早疫病（图 3-41）　发病前先用 1000 倍的高锰酸钾喷施一遍，或用 1∶1∶200 波尔多液喷施 1 ～ 2 次。发病初期，用 3 亿 CFU/g 哈茨木霉菌可湿性粉剂 300 倍液，或 77% 氢氧化铜可湿性粉剂 500 ～ 750 倍液、氨基酸螯合铜制剂 500 ～ 600 倍液喷雾，共喷药 2 ～ 3 次，注意药剂轮换使用。对茎秆侧枝上发生的病斑，用硫酸铜∶生石灰∶水为 1∶1∶50 倍的药膏涂抹数次。

（12）番茄细菌性疮痂病　发病初期和降雨后及时用药，可选用 50% 琥胶肥酸铜可湿性粉剂 400 ～ 500 倍液，或 77% 氢氧化铜可湿性粉剂 400 ～ 500 倍液、0.4% 低聚糖素水剂 250 ～ 400 倍液、14% 络氨铜水剂 300 倍液等喷雾防治，隔 7 ～ 10d 喷一次，连续 1 ～ 2 次。药剂应轮换使用。

（13）番茄细菌性溃疡病（图 3-42、图 3-43）、细菌性斑疹病（图 3-44、图 3-45）

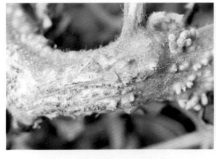

图 3-42　番茄细菌性溃疡病茎秆上的黄褐色条斑

图 3-43　番茄细菌性溃疡病果面上的鸟眼斑

图3-44　番茄细菌性斑疹病病茎枝　　　　图3-45　番茄细菌性斑疹病病叶

① 灌根。用3000亿个/g荧光假单胞杆菌可湿性粉剂800～1000倍液，或50亿CFU/g多黏类芽孢杆菌可湿性粉剂1000～1500倍液、20亿孢子/g蜡质芽孢杆菌可湿性粉剂800倍液等灌根，每株灌200mL。定植水和缓苗水分别灌2次埯水（即向栽苗后的埯中浇水），第一次用普通水，第二次用0.5%小檗碱（青枯立克）水剂300倍液灌根。

② 叶面喷雾。发病初期，用10亿孢子/g枯草芽孢杆菌可湿性粉剂500倍液喷淋植株，每株喷100mL。

③ 植株未发病时，可选用20亿孢子/g蜡质芽孢杆菌可湿性粉剂800倍液，或77%氢氧化铜可湿性粉剂500倍液、50%琥胶肥酸铜可湿性粉剂500倍液等药剂交替喷雾预防，7～10d 1次，连施3～4次。中心发病区，可用上述药剂灌根。

（14）番茄青枯病（图3-46～图3-48）　分别在移栽缓苗后和花期灌

图3-46　番茄青枯病田间发病状　　　图3-47　番茄青枯病株茎
　　　　　　　　　　　　　　　　　　中下部增长的不定芽

根，用50亿CFU/g多黏类芽孢杆菌可湿性粉剂1500倍液，或用10亿CFU/g海洋芽孢杆菌可湿性粉剂1500倍液浇泼，每667m²苗床用量60g，移栽当天灌根用量每667m² 240～300g，开花期灌根用量每667m² 260～320g。或用1×10⁹CFU/mL荧光假单胞杆菌水剂100～300倍液、10亿活芽孢/g枯草芽孢杆菌可湿性粉剂600～800倍液灌根，顺茎基部向下浇灌，每株需要浇灌药液150～250mL。

图3-48 番茄青枯病维管束变褐

发病初期，可选用86.2%氧化亚铜可湿性粉剂1500倍液，或77%氢氧化铜可湿性微粒剂400～500倍液、50%琥胶肥酸铜可湿性粉剂400倍液等灌根，每株灌300～500mL。每隔10～15d一次，连灌2～3次，注意交替用药。在发病前或发病初期用药防治，重点对发病中心植株灌根。重病田视病情发展，必要时增加用药次数。

图3-49 番茄细菌性髓部坏死病田间萎蔫状

（15）番茄细菌性髓部坏死病（图3-49～图3-51） 药剂喷雾。田间出现发病中心株时，应立即开始施药，可选用14%络氨铜水剂300倍液，或50%琥胶肥酸铜可湿性粉剂500倍液、57.6%氢氧化铜水分散粒剂1000倍液等喷雾防治，隔7d喷一次，连续喷3～4次。

药剂涂茎。也可用浓度大的药液与白面调和药糊涂抹在轻病株的病斑上，如77%氢氧化铜可湿性粉剂300倍液、50%琥胶肥酸铜可湿性粉剂

图3-50 番茄细菌性髓部坏死病病茎　　　图3-51 番茄细菌性髓部坏死病植株
　　　　　表现　　　　　　　　　　　　　　　　折断断面

300倍液、14%络氨铜水剂200倍液，白面适量，能粘住即可。

（16）美洲斑潜蝇、蚜虫、棉铃虫（图3-52、图3-53）、甜菜夜蛾
（图3-54）、斜纹夜蛾（图3-55、图3-56）、白粉虱（图3-57）、红蜘蛛
（图3-58、图3-59）　防治美洲斑潜蝇，可用0.3%印楝素乳油1000倍液
喷雾，每5～7d喷施一次，连续3次。

图3-52 棉铃虫为害番茄果实状　　　　图3-53 番茄果实里的棉铃虫幼虫

图3-54 甜菜夜蛾为害番茄　　　　　图3-55 斜纹夜蛾幼虫为害番茄叶片状

图3-56　斜纹夜蛾幼虫为害番茄果实状　　　　图3-57　白粉虱为害番茄

图3-58　红蜘蛛为害番茄叶片正面　　　　图3-59　红蜘蛛为害番茄叶片背面

　　防治棉铃虫、夜蛾类害虫，用8000IU/mg苏云金杆菌悬浮剂500倍液，或每667m²用20亿PIB/g棉铃虫核型多角体病毒悬浮剂80～100mL，兑水45kg喷雾，与苏云金杆菌配合施用效果好。或用7.5%鱼藤酮乳油1500倍液、0.3%苦参碱水剂400～600倍液、0.5%藜芦碱可溶液剂800～1000倍液喷雾。可兼治粉虱、斑潜蝇等。

　　防治红蜘蛛等螨类害虫，可选用0.3%印楝素乳油800～1000倍液，或2.5%洋金花生物碱水剂500倍液、45%硫黄胶悬剂300倍液、99%机油（矿物油）乳剂200～300倍液、1%苦参碱2号可溶液剂1200倍液、1.2%烟碱·苦参碱乳油1000～1200倍液、10%浏阳霉素乳油1000～2000倍液等喷雾防治。

　　防治茄果类蔬菜蚜虫、害螨、甘蓝夜蛾、斜纹夜蛾、蓟马等害虫，应在发生为害初期，用2.5％鱼藤酮乳油400～500倍液或7.5％鱼藤酮乳油1500倍液，均匀喷雾一次。

防治茄果类蔬菜蚜虫、白粉虱、夜蛾类害虫，前期预防用0.3％苦参碱水剂600～800倍液喷雾；害虫初发期用0.3％苦参碱水剂400～600倍液喷雾；虫害发生盛期可适当增加药量，喷药时应叶背、叶面均匀喷雾，尤其是叶背。

防治烟粉虱，可用乳化植物油300倍液与0.36％苦参碱水剂300倍液混合进行喷雾防治，也可用竹醋液200倍液与0.36％苦参碱水剂300倍液混合喷雾。

四、
有机黄瓜

黄瓜（图4-1，图4-2）是瓜类蔬菜中栽培面积最大的品种，其生产方式主要有春露地或地膜覆盖栽培（图4-3，一般2月中下旬至3月育苗，3月下旬至4月定植）、夏露地栽培（图4-4，一般5月至8月上旬直播）、夏

图4-1　普通黄瓜果实

图4-2　水果黄瓜果实

图4-3　早春黄瓜露地地膜覆盖
　　　栽培

图4-4　黄瓜夏露地栽培

图说有机蔬菜绿色栽培

秋大棚栽培（一般6月至7月下旬直播）、大棚春特早熟栽培（一般1月上中旬育苗，2月上中旬定植）、大棚春早熟栽培（一般2月上中旬育苗，2月下旬至3月上旬定植）、小棚加地膜春早熟栽培（一般2月中下旬育苗，3月中下旬定植）、大棚秋延后栽培（图4-5，一般7月中旬至8月上旬育苗、8月上旬至8月下旬定植）。以春露地或地膜覆盖栽培方式为主。

图4-5　秋延后大棚遮阳网覆盖栽培黄瓜

1. 有机黄瓜春露地栽培技术要领

【选择品种】选择苗期耐低温、瓜码密、雌花节位低、节成性好、生长势强、抗病、较早熟的品种。

【育苗移栽】露地黄瓜播种期应在当地断霜前35～40d育苗，长江流域一般在2月中下旬至3月初，育苗前期低温，后期温暖，要加强农膜和不透明覆盖物的管理。

【施足基肥】耕深25～30cm，结合翻耕施基肥，每667m²施腐熟有机肥2500kg（或腐熟大豆饼肥200kg，或腐熟菜籽饼肥250kg）、磷矿粉40kg、钾矿粉20kg。酸性土壤宜每3年施一次生石灰，每次每667m² 75～100kg。

【整地做畦】整平、耙细、开沟、做畦。每畦宽连沟1.2m，沟深20cm。

【定植】应在10cm地温稳定在13℃以上时，选寒尾暖头的晴天定植。在长江流域定植期一般为3月下旬至4月。株距20～25cm，一垄双行，每667m²栽3500～4000株。

移苗要带坨，栽植不宜过深，栽后立即浇定根水，促进缓苗。

【浇缓苗水】定植后5d左右浇缓苗水，然后封沟平畦，中耕松土保墒。

建议：从缓苗水开始，每667m²用1亿CFU/g枯草芽孢杆菌微囊粒剂500g+3亿CFU/g哈茨木霉菌可湿性粉剂500g+0.5%几丁聚糖水剂1kg浇灌植株，后期可每月冲施1次。

【中耕保墒】从黄瓜缓苗后到根瓜坐住，应控水蹲苗，主要以多次中耕松土保墒。出现干旱时也应中耕保墒。出现雨涝时应及时排水、中耕松土。开花前细锄深松土，至根瓜坐住期间要粗锄浅松土，结果盛期以锄草为主。

一般要中耕3～4次。

建议：缓苗后，可喷施1：1：200波尔多液2～3次，每隔7～10d一次，有利于预防多种病害。

【搭架整枝】

（1）搭架　一般在蔓长25cm左右不能直立生长时，开始搭架、绑蔓。

搭架所用架材不宜过低，一般用2.0～2.5m长的竹竿，每株插一竿，呈"人"字形花架搭设（图4-6），插在离瓜秧约8cm远的畦埂一面。

（2）绑蔓　第一次绑蔓一般在第4片真叶展开甩蔓时进行，以后每长3～4片真叶绑一次。

第一次绑蔓可顺蔓直绑，以后绑蔓应绑在瓜下1～2节处，最好在午后茎蔓发软时进行。

瓜蔓在架上要分布均匀，采用"S"形弯曲向上绑蔓（图4-7）。

【第一次浇水追肥】根瓜坐住后结合浇水第一次追肥，双行栽植的可在行间开沟，小畦单行栽植的可在小畦埂两侧开沟追肥，一般每667m²

图4-6　早春黄瓜露地地膜覆盖栽培搭"人"字架

图4-7　给黄瓜绑蔓

施腐熟细大粪干或细鸡粪500kg，与沟土混合后再封沟，也可在畦内撒施100kg草木灰，施后划锄、踩实，然后浇水。

【打顶摘心】当蔓长到架顶时要及时打顶摘心。以主蔓结瓜为主的品种，要将根瓜以下的侧蔓及时抹去。

主、侧蔓均结瓜的品种，侧蔓上见瓜后，可在瓜的上方留2片叶子打顶。在每次绑蔓时顺手摘掉黄瓜卷须。

【进入采收】根瓜易畸形，商品性不高，要及时采收。

黄瓜以嫩瓜供食，当种子和表皮尚未硬化时（一般七成熟时）适时采收，黄瓜连续结果，应不断采收。

采摘时，应避开高温，应在夏季上午9点之前或下午3点以后；成熟果实及时采收。采摘前，最好浇一次大水，使瓜条含充足的水分。托住果实剪下，宜带2～3cm的瓜柄，然后装入筐内，每筐装3～4层。层与层之间最好用柔软材料衬垫，包装容器不宜过大。及时进入分级、包装车间。

【浇水保湿】根瓜采收后要加强浇水，但应小水勤浇，保持地面见干见湿即可，一般每5～7d浇一次水。

【结果期浇水追肥】根据植株长势及时追肥，在施肥盛期少施勤施，一般7～8d追肥一次，每667m²追施腐熟人粪尿300kg左右。

黄瓜生长中后期易出现缺钙、镁、硼等大量或微量元素现象（图4-8、图4-9），应结合防病治虫补施大量或微量元素肥料，生产上可以通过喷施靓丰素、硼钙等叶面肥来缓解，同时注意冲施海藻酸、甲壳素等生根剂（图4-10）养根，防止早衰。

【摘叶】当黄瓜进入结瓜盛期后，可摘除下部的黄叶、老叶及病叶，并携出田外集中烧毁。摘叶时要在叶柄1～2cm处剪断。

【浇水保湿】结果盛期需水较多，应每隔3～5d浇一次水，浇水量相对较大，防止忽干忽湿，导致

图4-8 黄瓜缺钙叶片

图4-9　黄瓜缺镁叶片　　　　图4-10　黄瓜灌海藻酸防病促根

裂瓜等现象。

【结果后期浇水追肥】结果后期，适当减少浇水量。为了防止植株脱肥，还可喷施叶面肥料。

2. 有机黄瓜主要病虫害综合防控

【农业防治】

（1）合理轮作　进行合理轮作，选择3～5年未种过瓜类及茄果类蔬菜的田块种植，可有效减少枯萎病、根结线虫及白粉虱等病虫。

（2）土地及大棚处理　消灭土壤中越冬病菌、虫卵，入冬前灌大水，深翻土地，进行冻垡，可有效消灭土壤中有害病菌及害虫。

在大棚黄瓜拉秧后，每667m²施石灰50～100kg和铡碎稻草500～1000kg，深翻土壤30～50cm，混匀，做高畦灌水并保持水层，覆盖地膜，密闭大棚15～20d，可防治黄瓜细菌性角斑病、根结线虫病等。

大棚栽培的，前期预防茶黄螨等害虫，可用硫黄粉熏蒸，在大棚内前茬拉秧后下茬生产前，认真清除残枝落叶，拔除杂草，封闭好大棚。按每20m长棚用0.5kg硫黄粉拌入1倍量的干锯末，在无风夜晚，最好是阴雨雪天分放2～3堆点燃，熏蒸24h后开口放风，5～7d后可育苗或定植。注意在用硫黄粉熏蒸时，大棚内严禁有任何生长的蔬菜和人畜存在，防止发生意外，若棚内有生长期的蔬菜不准使用此法熏蒸。

（3）种子处理　播种前对种子进行消毒处理。方法有以下五种。

一是温汤浸种。先将种子置于日光下晒1～2d，然后用55℃温水浸泡烫种20～30min，25～30℃下浸泡1～3h，用湿纱布包裹催芽，可以防治霜霉病、病毒病、炭疽病等多种病害。

二是干热灭菌。将种子以2～3cm的厚度摊放在恒温干燥器内，60℃通风干燥2～3h，然后再于75℃中处理3d，然后再进行浸种、催芽，可防治黄瓜细菌性角斑病、病毒病等病害。

三是硫酸铜溶液浸种。用0.1%硫酸铜溶液浸种5min，捞出种子，用清水冲洗3次后，再催芽播种，可预防细菌性病害。

四是高锰酸钾溶液浸种。先用40℃温水浸种3～4h后捞出，再放入0.5%～1%高锰酸钾溶液中浸泡10～15min，再捞出，用清水冲洗3次后，催芽播种。

五是用10%～15%的盐水洗种后，再用55℃温水浸种10～15min后催芽。或种子用哈茨木霉菌或芽孢杆菌包衣后播种，可显著降低黄瓜菌核病的发病率。

各地应根据当地病虫害发生重点选择消毒方式。

（4）嫁接育苗　采用嫁接育苗（图4-11、图4-12），可防止枯萎病等土传病害的发生。如培育黄瓜，砧木采用黑籽南瓜、南砧1号等。嫁接苗定植，要注意土埋在接口以下，以防止嫁接部位接触土壤产生不定根而受到侵染。

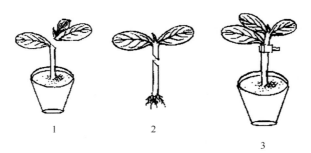

图4-11　黄瓜贴接法操作步骤

1—将黄瓜砧木斜切（约45°）去掉一半子叶带心；2—将接穗子叶下1cm处斜切（约45°）；
3—将接穗切口与砧木接口相贴合，用嫁接荚夹好即可

（5）培育壮苗　育苗床选择未种过瓜类作物的地块，或专门的育苗室。从未种植过瓜类作物和茄果类作物的地块取土，加入腐熟有机肥配制营养

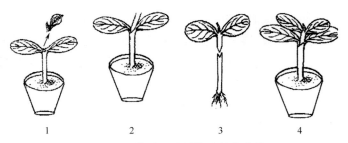

图4-12　黄瓜顶端插接法操作步骤

1—去掉砧木心叶；2—用竹签斜插砧木茎约0.5cm长；3—接穗子叶下留茎0.8～1.0cm削切；
4—将接穗插入砧木茎中即可

土。春季育苗播种前，苗床应浇足底水，苗期可不再浇水，可防止苗期猝倒病、立枯病、炭疽病等的发生。适时通风降湿，加强田间管理，白天增加光照，夜间适当低温，防止幼苗徒长，培育健壮无病、无虫幼苗，苗床张挂环保捕虫板，诱杀害虫。夏季育苗，应在具有遮阳、防虫设施的大棚内育苗。

（6）控制温湿度　定植时，密度不可过大。栽培畦采用地膜覆盖。禁止大水漫灌。高温季节浇水，在清晨或下午傍晚时浇水。采收前7～10d禁止浇水。

将温湿度控制在适于黄瓜生长发育而不利于病害发生的范围内。如黄瓜霜霉病在20～25℃、空气相对湿度85％时，发病速度最快，而在30℃时，即使湿度合适，霜霉病病情发展也很缓慢。利用这一特性，可对大棚内的温度进行调控，使其既能满足黄瓜光合作用的需要又不利于病害发生扩展。

防止叶片结露，加强通风排湿管理。生长前期适当控制浇水，结果后适当多浇水。进行膜下暗灌，在晴天上午浇水，严禁阴雨天浇水，防止湿度过大叶片结露。浇水后及时排除湿气。

（7）营养防病　多施有机肥，增施磷、钾肥，经常叶面喷施甲壳素类、海藻酸类叶面肥，提高叶片的抗逆性，以防止病原菌的侵染。

细菌性角斑病等病害，可叶面或根施钙、铜素。轻度发病时用硫酸铜、肥皂各50g化开；中度病害用硫酸铜和碳酸氢铵各50g化开；重病病害用硫酸铜50g、生石灰40g（分开化，同时倒入容器），兑水14kg于20～23℃时叶背面喷洒防治。若叶萎缩，可用过磷酸钙50g、米醋50g，兑水14kg，过滤后喷洒补钙。

霜霉病、白粉病等真菌性病害，可施钾硼素，僵、老化株及肥、药害株，每667m²追施锌素1kg 1次。大头瓜、弯瓜、裂口、产量低补钾、硼肥（每667m²用0.5kg喷施1～2次），心叶黄补铁。另外，预防霜霉病，可在发生前，每667m²用红糖100g+磷酸二氢钾50g，兑水30kg，均匀喷施全株叶片，效果较好。

（8）合理留瓜　及时进行植株调整，去掉底部子蔓，增加植株间通风透光性。根据植株营养状况合理留瓜，普通黄瓜保持3～4片叶留1瓜，水果黄瓜可以2片叶留1瓜或3片叶留2个瓜，避免因留瓜过多导致的叶片和根系"挨饿"。

（9）清洁田园　清洁栽培地块前茬作物的残体和田间杂草，进行焚烧或深埋，清理周围环境。栽培期间及时清除田间杂草，整枝后的侧蔓、老叶清理出田间后掩埋，不为病虫提供寄主，避免其成为下一轮发生的侵染源。

【物理防治】

（1）张挂捕虫板　利用黄板（图4-13）、蓝板等色板，诱杀蚜虫、斑潜蝇、白粉虱等害虫，每667m²用15～20片。也可铺银灰色地膜（图4-14）或张挂银灰膜膜条进行避蚜。

（2）张挂防虫网　在大棚的门口及通风口张挂40目防虫网，防止蚜虫、白粉虱、斑潜蝇、蓟马等进入。

（3）杀虫灯诱杀　利用频振式杀虫灯、黑光灯等诱杀害虫。

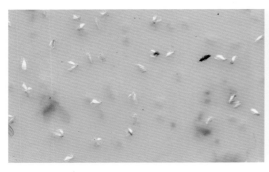

图4-13　黄板诱杀白粉虱

图4-14　银灰膜覆盖栽培黄瓜

（4）高温闷棚　选晴天上午，浇足量水后封闭棚室，将棚温提高到46～48℃，持续2h，然后从顶部慢慢加大放风口，使室温缓缓下降。可每隔15d闷棚一次，闷棚后加强肥水管理，秸秆平铺，加足量水后黑膜覆盖防治土传病害。

【药剂防治】

（1）黄瓜猝倒病（图4-15）、立枯病　主要在育苗、定植及坐果期使用。①育苗时，每平方米用10^8CFU/g健根宝可湿性粉剂10g与15～20kg细土混匀，1/3撒于种子底部，2/3覆于种子上面。②分苗时，每100g 10^8CFU/g健根宝可湿性粉剂掺营养土100～150kg，混拌均匀后分苗。③定植时，每100g 10^8CFU/g健根宝可湿性粉剂掺细土150～200kg，混匀后每穴撒100g。④进入坐果期，每100g 10^8CFU/g健根宝可湿性粉剂兑45kg水灌根，每株灌250～300mL。

（2）黄瓜白粉病（图4-16）　发病初期，可选用1%蛇床子素水乳剂400～500倍液，或0.3%丁子香酚可溶液剂1000～1200倍液、1.5亿活孢子/g木霉菌可湿性粉剂300倍液、5%氨基寡糖素水剂700倍液、0.5%大黄素甲醚水剂600～1000倍液等进行土壤消毒，或用0.05%核苷酸水剂600～800倍液、0.5%小檗碱水剂120～150倍液喷雾防治。

也可在病害初期或发病前，选用1000亿孢子/g枯草芽孢杆菌可湿性粉剂1000倍液，或10亿活芽孢/g枯草芽孢杆菌可湿性粉剂600～800倍液喷雾，施药时注意使药液均匀喷施至作物各部位，间隔7d再喷药1次，可连续喷药2～3次。

图4-15　黄瓜猝倒病病苗

图4-16　黄瓜白粉病

用硫黄粉0.5kg、骨胶0.25kg、水100kg，先把骨胶用热水煮化（煮胶容器最好放在热水中），再加入硫黄粉调成糊状，然后再加足量水稀释，搅匀后喷雾。或用50%硫黄胶悬剂200～400倍液喷雾，每隔10d左右喷洒1次，一般轻者用药2次，发病重者用药3次。或每667m²用80%硫黄干悬浮剂或80%硫黄水分散粒剂300倍液喷雾，间隔7～10d喷雾1次，共喷3次。

发病初期，用碳酸氢钠（小苏打）200～500溶液，或70%印楝油100～200倍液喷雾1次即可，效果不显著时，可隔日再喷1次。

注意： 碳酸氢钠为碱性，由于当前大多数农药为酸性，喷洒次数过多，会降低药效。在使用碳酸氢钠时，最好单独使用，不和其他药剂混合，以免产生不良作用。

（3）黄瓜霜霉病（图4-17、图4-18）　出苗后2叶1心至结瓜前，用高锰酸钾600～800倍液喷雾，每5～7d1次，连续3次。

图4-17　黄瓜霜霉病叶正面多角形病斑但　　　　　图4-18　黄瓜霜霉病叶背面潮
　　　　　　　不穿孔　　　　　　　　　　　　　　　　　湿时后期出现紫黑色霉层

发病前或发病初期，用1∶1∶250倍波尔多液预防，每6～7d喷施一次，连续3次。或用50～100倍液的竹醋液抑制黄瓜霜霉病孢子的萌发。还可在发病初期，用碳酸氢钠500倍液喷雾，每隔3d喷施一次，连喷5～6次。或用0.3%丁子香酚可溶液剂1000～1200倍液、0.5%小檗碱水剂120～180倍液、1亿活孢子/g木霉菌水分散粒剂600～800倍液、0.05%核苷酸水剂600～800倍液、1000单位/mL地衣芽孢杆菌水剂100～200倍液等喷雾防治，上午10点前、下午4点后使用为好。每隔7d喷1次，连喷2～3次。

（4）黄瓜黑星病（图4-19）用1.1%儿茶素可湿性粉剂600倍液喷雾。

（5）黄瓜炭疽病（图4-20）发病初期，可选用1.5亿活孢子/g木霉菌可湿性粉剂300倍液，或0.05%核苷酸水剂600～800倍液、碳酸氢钠200～500倍液喷雾，每隔5～6d喷一次，连喷4次。或用1∶1∶200倍波尔多液喷雾，每隔7d喷一次，连续3次，可控制黄瓜炭疽病发生。

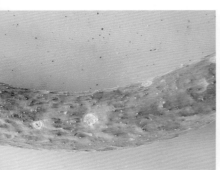

图4-19　黄瓜黑星病病斑疮痂状

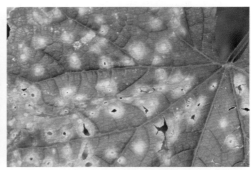

图4-20　黄瓜炭疽病叶

（6）黄瓜灰霉病（图4-21、图4-22）应在发病前或刚发病时，选用2亿活孢子/g木霉菌可湿性粉剂300～600倍液，或30亿芽孢/g甲基营养

图4-21　黄瓜灰霉病叶"V"字形病斑

图4-22　黄瓜灰霉病花

型芽孢杆菌可湿性粉剂500倍液、3亿活孢子/g哈茨木霉菌可湿性粉剂300倍液、1%蛇床子素水剂500～800倍液、3%苦参碱水剂1000～2000倍液、2.1%丁子·香芹酚水剂600倍液、25亿活芽孢/g坚强芽孢杆菌可湿性粉剂100倍液、10亿活芽孢/g海洋枯草芽孢杆菌可湿性粉剂300～600倍液等喷雾，5～6d一次，连喷3～4次。

也可在发病前或发病初期，每次每667m²用1000亿活芽孢/g枯草芽孢杆菌可湿性粉剂35～55g，兑水30kg喷雾，连续施药2～3次，每次间隔7d。

还可喷施碳酸氢钠500倍液，每3d使用一次，连续5～6次。

（7）黄瓜枯萎病（图4-23～图4-26）　在幼苗定植时，可选用10%混合氨基酸铜水剂600～800倍液，或0.5%氨基寡糖素水剂400～600

图4-23　黄瓜枯萎病幼苗枯死田间表现

图4-24　黄瓜枯萎病基部叶片褪绿变黄植株凋萎

图4-25　黄瓜枯萎病纵剖茎基部维管束呈黄褐色至深褐色

图4-26　黄瓜枯萎病瓜蔓基部流胶状

图4-27 黄瓜细菌性角斑病病斑
布满叶面现油渍状晕圈

图4-28 黄瓜细菌性角斑病湿度
大时背面病斑上产生白色菌脓

图4-29 黄瓜细菌性角斑病田间
大发生状

倍液灌根，每株灌兑好的药液300～500mL。或定植缓苗后，选用10亿CFU/g解淀粉芽孢杆菌可湿性粉剂1000～1500倍液，或80亿孢子/mL地衣芽孢杆菌水剂500～700倍液、10亿芽孢/g枯草芽孢杆菌可湿性粉剂1000倍液等灌根预防，每株灌200mL。发病初期，用10%多抗霉素可湿性粉剂400～500倍液灌根，每株灌250mL。

（8）黄瓜细菌性角斑病（图4-27～图4-29） 发病前或发病初期，用1∶1∶250倍波尔多液喷雾，每6～7d喷施一次，连续3次，可预防细菌性角斑病发生。

发病初期，每667m²用10亿CFU/g多黏类芽孢杆菌可湿性粉剂100～200g，或3000亿个/g荧光假单胞杆菌可溶粉剂30～40g，兑水30kg喷雾。或用氨基酸螯合铜制剂500倍液喷雾，每7～10d使用一次，连续防治2～3次。

（9）黄瓜病毒病（图4-30、图4-31） 应用弱毒疫苗N14和卫星病毒S52处理幼苗，提高植株免疫力，兼防烟草花叶病

图4-30　黄瓜病毒病病叶　　　　　　　　图4-31　黄瓜病毒病病瓜

毒病和黄瓜花叶病毒病。也可将弱毒疫苗稀释100倍，加少量金刚砂，用2～3kg/m² 压力喷枪喷雾。或将豆浆、牛奶等高蛋白物质用清水稀释100倍喷雾，钝化病毒病。也可用27%高脂膜乳剂200倍液喷雾，每隔7d一次，连续2～3次。发病前，从育苗期开始，喷0.5%菇类蛋白多糖水剂300倍液，或高锰酸钾1000倍液，7～10d一次，连喷2～3次。

在黄瓜上应用竹醋液，每立方米育苗基质中竹醋液添加量为250～500mL，或苗期用200倍竹醋液灌根，或在每立方米基质中使用500mL竹醋液处理育苗基质和栽培基质，并在定植后定期用200倍液灌根，这些综合处理方法能够有效地促进黄瓜叶片、茎粗和株高的生长。

（10）黄瓜靶斑病（图4-32～图4-34）　发病初期，可选用41%乙蒜素乳油2000倍液，或0.5%氨基寡糖素水剂400～600倍液、53.8%氢氧化铜干悬浮剂600倍液、86.2%氧化亚铜可湿性粉剂2000～2500倍液、

图4-32　黄瓜靶斑病田间发病状　　　图4-33　黄瓜靶斑病典型病叶发
　　　　　　　　　　　　　　　　　　　　　　　　　病状

33.5％喹啉铜悬浮剂800～1000倍液、47％春雷·王铜可湿性粉剂800倍液等喷雾防治。或每667m²用1000亿个/g荧光假单胞杆菌可湿性粉剂70～80g，兑水30kg喷雾，间隔7～8d喷1次，连喷3次。

（11）黄瓜菌核病（图4-35～图4-37）　播种时开沟或随种施入10亿个活孢子/g哈茨木霉菌可湿性粉剂1kg。发病前或发病初期，每667m²用含1.5亿～2.0亿个活孢子/g哈茨木霉菌可湿性粉剂200～300g，兑水30kg喷雾。发病初期，喷施40％硫黄悬浮剂或氨基酸螯合铜制剂500～600倍液，每7～10d使用1次，连续2～3次。

图4-34　黄瓜靶斑病叶背面对光观察有明显针尖大浅黄色小点

图4-35　黄瓜菌核病茎蔓染病状

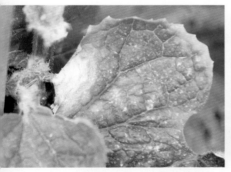

图4-36　黄瓜菌核病叶片发病状

图4-37　黄瓜菌核病发病瓜条

（12）蚜虫（图4-38）　可选用5％天然除虫菊素乳油1000～1500倍液，或0.6％氧苦·内酯水剂800～1000倍液、2.5％鱼藤酮乳油400～500倍液喷雾。

（13）黄守瓜（图4-39～图4-41）　可在黄瓜根部撒施石灰粉，防成虫产卵；将浸泡的茶籽饼（20～25kg/667m²）调成糊状与粪水混合淋于瓜苗，毒杀幼虫，或用烟草水30倍液于幼虫为害时点灌瓜根，或用2.5%鱼藤酮乳油400～500倍液、7.5%鱼藤酮乳油1500倍液等喷雾防治成虫。

图4-38　瓜蚜为害黄瓜嫩叶

图4-39　黄瓜叶片上的黄守瓜成虫

图4-40　黄守瓜幼虫为害黄瓜根系状

图4-41　黄守瓜幼虫微距图

（14）瓜实蝇（图4-42、图4-43）、甘蓝夜蛾、斜纹夜蛾、蓟马（图4-44、图4-45）　应在为害初期，选用2.5%鱼藤酮乳油400～500倍液，或7.5%鱼藤酮乳油1500倍液、5%天然除虫菊酯乳油1000倍液、10%柠檬草乳油250倍液+0.3%印楝素乳油800倍液、0.36%苦参碱水剂400倍液等均匀喷雾。

（15）红蜘蛛、茶黄螨（图4-46）、白粉虱（图4-47）等害虫　发生前期，可选用5%天然除虫菊素乳油1000～1500倍液，或0.6%氧苦·内酯

图4-42　瓜实蝇为害黄瓜果实

图4-43　瓜实蝇为害黄瓜果实内部
表现

图4-44　黄瓜花里的蓟马

图4-45　蓟马为害黄瓜瓜条状

图4-46　茶黄螨为害黄瓜叶片至
发硬变小

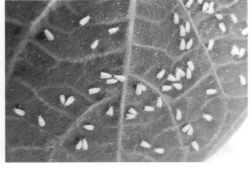

图4-47　黄瓜叶片上的白粉虱成虫

图4-48　瓜绢螟为害黄瓜瓜条状

图4-49　黄瓜叶片背面的瓜绢螟幼虫

水剂800～1000倍液、0.3%苦参碱水剂600～800倍液等喷雾；害虫初期用0.3%苦参碱水剂400～600倍液，或0.5%藜芦碱醇溶液800倍液、0.3%印楝素乳油1000倍液等喷雾，5～7d喷洒一次。或把蜡蚧轮枝菌稀释到每毫升含0.3亿个孢子的孢子悬浮液喷雾。虫害发生盛期可适当增加药量，3～5d喷洒一次，连续2～3次，喷药时应叶背、叶面均匀喷雾，尤其是叶背。

（16）瓜绢螟（图4-48～图4-51）　可选用16000IU/mg苏云金杆菌可湿性粉剂800倍液，或1%印楝素乳油750倍液、2.5%鱼藤酮乳油750倍液、3%苦参碱水剂800倍液、1.2%烟碱·苦参碱乳油800～1500倍液、10000PIB/mg菜青虫颗粒体病毒+16000IU/mg苏云金可湿性粉剂600～800倍液、0.5%藜芦碱可溶液剂1000～2000倍液等喷雾防治，交替用药，防止害虫产生抗药性。防治该虫要早晚用药，并喷施地面、杂草、叶片的背面等处。喷药重点为中部上下的叶片背面。

图 4-50
为害黄瓜的瓜绢螟成虫

图 4-51
瓜绢螟幼虫微距图

五、
有机苦瓜

　　苦瓜，又名凉瓜，以幼嫩的果实（图5-1）为食，嫩果肉质柔脆，稍有苦味，清凉可口，口感独特。苦瓜一般以夏季栽培为主，是夏秋蔬菜淡季时的重要蔬菜之一，采收时间可从夏季一直到初霜来临。

　　在长江流域，苦瓜的主要栽培方式有：早春大棚栽培（图5-2，一般于2月中下旬播种，3月中旬定植，4月下旬至7月采收）、春露地栽培（图5-3，2月下旬至3月上旬播种，3月下旬至4月上旬定植，5月中下旬至7月采收）、夏露地栽培（6月上旬播种，6月下旬定植，8月中旬至10月下旬采收）、大棚秋延后栽培（7月中下旬播种，8月上中旬定植，9月上旬至11月中下旬采收）。其中，以春露地栽培较为普遍。

图5-1　苦瓜果实

图5-2　大棚栽培苦瓜　　　　　　　　图5-3　苦瓜露地栽培

1. 有机苦瓜春夏露地栽培技术要领

【选择播期】春、夏茬苦瓜育苗以采用电热畦育苗最为理想。在长江中下游地区，一般3月中下旬至4月上旬播种育苗。

【培养土配制】选取向阳避风、地势高燥、水源较近的地方，将畦土深翻，用过筛新鲜菜园土或火烧土6份与充分腐熟过筛的有机肥4份混合，再加入0.1%～0.2%的过磷酸钙及0.3%的草木灰拌匀即成。配制好的营养土均匀铺于播种床上，厚度10cm。

【浸种催芽】大田用种量每667m² 250～300g。采用温水浸种，即将种子浸泡于55℃左右温水中，自然冷却继续浸种12h以上，种子捞出用清水洗净，用牙齿或尖嘴钳将苦瓜种子芽眼处种壳弄破，用湿布包好，置于30℃左右温度处催芽，种子露芽3mm左右即可播种（图5-4）。

> **注意**：浸种催芽应在播种期前5～6d进行。

【播种】播种前先浇水，使苗床的8～10cm土层含水量达到饱和，水全部渗下去后，薄撒一层过筛培养土后再播种，每平方米苗床播种25g。使用容器育苗播种时，每个容器内播入种子1～2粒。

播后盖1cm厚的过筛培养土，再紧贴床面盖地膜，并盖好大棚，当幼苗开始拱土时把地膜拱起。

【苗期管理】

（1）温度管理 播种到出苗前，闭
棚，保持地温白天25℃左右，夜间
19～20℃；气温白天25～30℃，夜
间17～20℃。幼苗出土以后，采用多
层覆盖，保持床温白天23～25℃，夜
间15～18℃（图5-5）。

气温白天25℃左右、夜间15℃左右
时应晚揭早盖，齐苗后开始通风，阴雨
天适当少量通风，晴天中午可加大通风量
定时放风，幼苗在1叶1心时用营养钵分苗，
定植前一周应炼苗。

图5-4 已催好芽的苦瓜种子

（2）水肥管理 应使床土疏松湿润，尽可能地降低苗床内的空气湿
度。播种时浇足底水，且从一端先浇，一次浇好；出苗后浇一次齐苗水，
叶片干后随即撒些干土保墒，以后不再浇水。一般不追肥，如需追肥，可

图5-5 苦瓜营养钵苗要做好保温防寒等温度管理

在定植前结合幼苗锻炼喷施0.2%的磷酸二氢钾1～2次。

（3）光照管理　应使用新膜，及时揭盖草帘等覆盖物，晴天尽量揭去塑料薄膜。

有条件的可采用穴盘（图5-6）育苗，其技术要点参考黄瓜穴盘育苗。

【整地施肥】苦瓜忌连作，需进行3年以上的轮作，要选择近年未种过苦瓜的地块，在头年进行一次深翻耕，开春后整地施肥。每667m²撒施腐熟农家肥4000～5000kg，磷矿粉40kg，钾矿粉20kg。

【做畦】撒肥后应进行一次浅耕，使肥与土掺匀，然后做成宽165cm的平畦或高畦，畦长660cm左右。

如果是零星栽培的，可做成瓜沟、瓜堆、瓜穴，在沟、堆、穴内施基肥。

【定植】

（1）定植时期　当幼苗长至四五片叶，终霜一过便可定植。在长江中下游地区，一般4月中下旬定植于露地。

（2）定植规格　一般每畦栽两行称为一架，株距为35～45cm，行距80～100cm，每667m²栽苗1600～2300棵。

（3）定植方法　选择晴天上午，脱下营养钵，按规定的株距开穴摆苗，然后埋土稳坨，栽苗深度以幼苗子叶平露地面为宜（图5-7）。栽完苗后及时浇定植水。有条件的可以铺滴灌带，采用水肥一体化栽培。

【浇水】一般4～5d即可缓苗，缓苗后浇一次缓苗水。

建议从缓苗水开始，每667m²用1亿CFU/g枯草芽孢杆菌微囊粒剂500g+3亿CFU/g哈茨木霉菌可湿性粉剂500g+0.5%几丁聚糖水剂1kg浇灌

图5-6　穴盘培育苦瓜壮苗

图5-7　苦瓜露地栽培定植

植株，后期可每月冲施1次。

【第一次中耕】一般在定植浇过缓苗水之后，待表土稍干不发黏时进行中耕，如果遇大风天或土壤过于干旱，则可重浇一次水后再中耕（图5-8）。

> **注意：**中耕时要保苗，瓜苗根部附近宜浅锄，距苗远的地方可深耕到3～5cm，行间可更深些。发现有缺苗或病、断苗时，要及时补栽，以保全苗。

每次结合中耕及时拔除杂草。

【插架】定植缓苗后，当瓜秧开始爬蔓时，应及时插架。一般大面积栽培时，以插"人"字架为宜（图5-9）。

【引蔓】在定植缓苗后，植株爬蔓初期，可人工绑蔓一两道，可引蔓分成扇形爬架（图5-10）。

【幼苗期追肥】在苦瓜幼苗定植成活后，可用稀薄粪尿水浇提苗肥。幼苗期宜薄肥勤施，每隔5～7d一次，看叶色生长势定肥量。

【第二次中耕】可在第一次之后10～15d进行，如果地干，可先浇水后中耕，这次中耕要注意保护新根，宜浅不宜深。

以后当瓜蔓伸长到0.5m以上时，就不宜再进行中耕了。但要注意及时拔除杂草。

【挂果初期追肥】挂果初期，一般用20%的稀粪水浇灌，配合基肥基本可满足生长需要。

图5-8　给苦瓜中耕松土

图5-9　苦瓜"人"字架

图5-10　苦瓜绑蔓

【整枝】一般苦瓜植株，任其自然生长也能开花结果，但有必要进行整枝打杈，摘除多余的或弱小的枝条。随时将主蔓1m以下的叶腋侧芽或侧枝摘掉，只留1根主蔓上架。

【打杈】即使需要留下少数粗壮的侧枝，也应根据品种、位置、长势等情况，选留几条最粗壮的让它开花、结果，其他的弱小侧枝均应摘除。

到中期，枝叶繁茂，结瓜也多，一般放任生长，不再打杈。

【进入采收】一般多采收中等成熟的果实。

采收时，用手易撕裂或损伤植株或叶片，必须用剪刀从基部剪下，采收时间以早晨露水干后为宜。产量高低与采收期长短呈正相关。

【盛果期浇水追肥】盛果期，要及时选晴朗的天气进行追肥，追肥可兑水浇施或埋施。用腐熟农家肥直接在畦中间开沟埋肥。追肥一般每10d左右一次，也可视植株生长情况确定。追肥的同时结合叶面喷施有机营养液肥。注意在高温炎热天气一般不宜用粪稀，在结果前期和后期，气温较低时可用20%的粪稀浇灌。

【浇水保温】春季雨水多，应注意及时清沟排水。

夏秋季节在盛果期要保证水分的充足供应，一般每隔7d左右灌水一次，灌水量以沟深的2/3为宜。

【摘叶】到了生长后期，植株开始衰老，要及时摘除过于密闭和弱小的侧枝，以及老叶、黄叶、病叶，以利于通风透光，延迟采收期。

【及时采收】苦瓜采收时对成熟度要求不太严格，嫩瓜、成熟瓜均可食用。但一般多采收中等成熟的果实。开花后12～15d为适宜采收期，应及时采收。青皮苦瓜果实已充分长成，果皮上的条状和瘤状粒迅速膨大并明显突起，显得饱满、有光泽，顶部的花冠变干枯、脱落。白皮苦瓜除上述特征外，其果实的前半部分明显地由绿色转为白绿色，表面呈光亮感时为采收适期。采收时，必须用剪刀从基部剪下，采收时间以早晨露水干后为宜（图5-11）。

图5-11　采收分级整理后的苦瓜

2. 有机苦瓜主要病虫害综合防控

【农业防治】

(1) 实行轮作　选择地势较高，利于排水，土壤结构疏松、肥力较高的地块来种植。采用深沟高畦栽培，四周开好排水沟。避免与葫芦科等其他瓜类作物连作，可采用大葱、韭菜、辣椒等耐病蔬菜轮作，最好与水稻等水生作物实行3年以上的水旱轮作。

(2) 嫁接防病　嫁接（图5-12）可以预防枯萎病发生，并提高苦瓜的品质，使苦瓜产量增加。其方法有插接法、劈接法和靠接法。用于嫁接的砧木可以选择白籽南瓜、黑籽南瓜和

图5-12　苦瓜嫁接苗

丝瓜，也可以选用苦瓜嫁接专用砧木，如银砧1号、南砧1号等。

(3) 土壤消毒　移栽前对大田土壤和有机肥进行灭菌消毒。犁耙前充分晒白土壤，在耙地时每667m² 施生石灰75kg，或均匀喷施1：1：150的石硫合剂。作基肥用的农家肥要充分堆沤至腐熟。

也可采用氰氨化钙处理：大棚在高温条件下用氰氨化钙消毒。方法是：在前茬蔬菜拔秧前5～7d浇一遍水，拔秧后立即每667m² 均匀撒施氰氨化钙60～80kg于土壤表层，也可将未完全腐熟的农家肥或农作物碎秸秆均匀地撒在土壤表面，旋耕土壤10cm使其混合均匀，再浇一次水，覆盖地膜，高温闷棚7～15d，然后揭去地膜，放风7～10d后可做垄定植。处理后的土壤栽培前应注意增施磷、钾肥和生物菌肥。

(4) 大棚消毒　定植前几天将大棚密闭，每平方米用硫黄粉2.5g、锯末5g，拌匀后分别装入小塑料袋中，分放在室内，于晚上点燃烟熏一夜。

(5) 合理密植　种植密度以每667m² 1500～2000株为宜。苗高30cm前搭"人"字架，及时引蔓上架，合理摘芽整枝，摘除下部老叶黄叶，以利于通风透光。

（6）科学施肥　施足基肥，追肥要早熟、轻施。要避免偏施氮肥。在苦瓜第1轮结瓜时及时追肥，追施叶面肥，补充必要的微量元素，并适当疏除侧芽。生长期间适当喷施3～4次磷酸二氢钾液或基因活化剂等叶面肥，每隔15d一次，以提高植株抗病性。

（7）合理浇水　最好采用薄膜覆盖栽培，采用滴灌或膜下灌溉方式。采用微喷供水，少用或不用漫灌，雨后及时排干田间积水。大棚栽培时早春少浇水，多中耕，提高棚温促生长，注意通风换气，降低棚内空气湿度。

（8）清洁田园　搞好田园清洁，清除病残体，减少田间病原的积累。

（9）种子消毒　预防白粉病：播种前严格进行种子消毒，用0.1%高锰酸钾溶液浸种30min，清水洗净后再于55℃温水中浸泡10min，再继续浸水。

预防病毒病：播种前用0.5%肥皂水或0.1%磷酸二氢钠溶液浸种24h。

预防细菌性角斑病：用56℃温水浸种至室温后再浸24h，捞出晾干后置于30～32℃条件下催芽，芽长3mm时播种。

【物理防治】

（1）防虫网阻隔　设置防虫网，防虫网设置要严密，不能留下任何空隙。

（2）色板诱杀　悬挂黄色粘虫板。蚜虫对黄色有强烈的趋性，黄色粘虫板悬挂在植株生长点上方，既可以粘杀进棚的蚜虫（图5-13），又可据此棚内蚜虫数量，及时采取进一步的防治措施。

图5-13　苦瓜黄板诱杀蓟马蚜虫等

（3）性诱剂诱杀　用性诱剂进行诱捕，使雄性成虫数量减少。目前使用的性引诱剂主要是诱蝇酮和甲基丁香酚。将性诱剂滴在棉芯上，放入诱瓶中，能诱捕瓜实蝇。其中整瓶扎针的，孔诱芯的引诱力、持效期都明显优于棉花球浸吸诱芯，诱捕范围可在15m以内。

> **注意：** 性引诱剂更换时不得留在园区，应丢弃园外处理。

（4）针蜂雄虫性引诱剂（针蜂净）诱杀　诱杀瓜实蝇成虫，在可乐瓶瓶壁上挖一小圆孔，用棉花制成诱芯，滴上2mL引诱剂挂在瓶内，一个月加一次引诱剂。每667m²放1～2只。注意避阳光、防风雨。

（5）蛋白诱剂诱杀　蛋白诱剂能同时引诱瓜实蝇雌虫和雄虫，比性诱剂效果更好。如猎蝇饵剂（简称GE-120），有效成分多杀菌素是一种源于放线菌的天然杀虫毒素。该产品除对瓜实蝇有效外，还能防治橘小实蝇、地中海实蝇等多种实蝇。

（6）采用性诱剂和蛋白诱剂相结合诱杀　在6～9月瓜实蝇成虫盛发期，利用瓜实蝇性诱剂对雄虫进行诱杀，也可利用雌虫对蛋白诱剂的趋性诱杀雌虫。

（7）设置"粘蝇纸"诱杀　粘绳纸是消灭蝇类害虫的一种简便工具，卫生无毒，不污染果蔬、人体及环境，并能对天敌寄生蜂无引诱作用。方法是，把它固定于竹筒（长约20cm、直径7cm）上，然后挂在离地面1.2m高的瓜架上，每15～20m²挂1张，每10d换纸1次，连续3次。

（8）"稳黏"昆虫物理诱黏剂诱杀　"稳黏"昆虫物理诱黏剂能高效诱杀各类为害瓜果的实蝇雌虫和雄虫，它是利用实蝇专用天然黏胶及植物中提取的天然香味来诱引实蝇，使虫体粘于黏胶后自然死亡。将"稳黏"直接喷在空矿泉水瓶表面或任何不吸水的材料上（图5-14），每150～250m挂1个矿泉水瓶于果园外围阴凉通风处，略低于作物高度，小面积作物种植区每667m²挂4个矿泉水瓶，大面积作物种植每1hm²只需挂40个矿泉水瓶。从瓜果幼期、实蝇即将为害时开始施用，每隔10d补喷一次，效果良好。

（9）毒饵诱杀　如基本诱剂（香蕉、大蕉、甘薯、南瓜或其他杂粮糊粉）30～35份。辅助诱剂（薄荷、香蕉油、菠萝汁等）1份或加食糖1份。

图5-14　诱黏剂诱杀

毒剂为50%的敌百虫1份或90%敌百虫0.5份。将上述饵料和毒剂，加水少许，充分调匀，制成糊状毒饵，涂于纸片上或10～13.2cm长的毒管中，也可涂在瓜棚的篱竹上，每667m²放20～30点，每点放25g。毒饵应时常更换。

（10）挂瓶诱杀　用90%敌百虫晶体20g+糖250g+少量醋+1000g水搅拌均匀后挂瓶诱杀，每667m²挂10瓶，每瓶装毒饵100mL。或将糖醋毒饵用喷雾器每隔3～5株喷2～3张叶片的叶背，即可同时诱杀雌、雄成虫。

【生物防治】土壤中添加有机物如养蛆副产物，或施用拮抗真菌木霉等，可以改善土壤生态环境，抑制病原菌菌丝生长，加速土壤中病残体上越冬病菌的死亡，有效减轻枯萎病的为害。

潜蝇茧蜂是瓜实蝇主要寄生物。绿僵菌、球孢白僵菌对瓜实蝇也具致病性。

瓜绢螟的天敌主要有卵寄生的拟澳洲赤眼蜂、幼虫寄生的菲岛扁股小蜂和瓜螟绒茧蜂。其中卵寄生的拟澳洲赤眼蜂寄生率较高，可达60%以上（8～10月间），对瓜绢螟的为害有明显的抑制作用，应加以保护利用。

【药剂防治】

（1）苦瓜白粉病（图5-15）　发病前期，可结合其他病害的防治施用保护性杀菌剂预防，如0.5%大黄素甲醚水剂1000～2000倍液、1%蛇床子素可溶液剂400倍液、石硫合剂300倍液等喷雾防治。

用硫黄粉0.5kg、骨胶0.25kg、水100kg，先把骨胶用热水煮化（煮胶容器最好放在热水中），再加入硫黄粉调成糊状，然后再加足量水稀释，搅匀后喷雾。或用50%硫黄胶悬剂200～400倍液喷雾，每隔10d左右喷洒1次，一般轻者用药2次，发病重者用药3次。或每667m²用80%硫黄干悬浮剂或80%硫黄水分散粒剂200～230g兑水60～75L喷雾，间隔7～10d喷雾1次，共喷3次。

发病初期，用浓度为0.2%～0.5%的碳酸氢钠溶液，或70%印楝油100～200倍液喷雾1次即可，效果不显著时，可隔日再喷1次。

图5-15　苦瓜白粉病病叶

（2）苦瓜白绢病　撒药土。用培养好的哈茨木霉菌400～450g，加50kg细土撒覆在病株基部，可控制该病的扩展。

（3）苦瓜病毒病　可选用0.1%高锰酸钾水溶液、0.5%菇类蛋白多糖水剂300倍液等喷雾防治，7～10d 1次，共喷2～3次。

（4）苦瓜根结线虫病　定植期防治。播种或移植前15d，每667m²用每克含2亿活孢子的淡紫拟青霉2～3kg拌土均匀撒施，2.5kg拌土沟施或穴施；或用每克含2亿活孢子的厚孢轮枝菌2～3kg拌土均匀撒施，2.5kg拌土沟施或穴施。

生长期防治。每667m²可使用每克含2亿活孢子的淡紫拟青霉2.5kg，或每克含2亿活孢子的厚孢轮枝菌2.0～2.5kg，拌土开侧沟集中施于植株根部；芽孢杆菌等生物制剂可根据产品说明书发酵兑水灌根。

（5）苦瓜枯萎病（图5-16）　发病初期，用10亿CFU/g多黏类芽孢杆菌可湿性粉剂100倍液浸种，或10亿CFU/g多黏类芽孢杆菌可湿性粉剂3000倍液、1∶1∶200波尔多液等泼浇。

或每667m²用10亿CFU/g多黏类芽孢杆菌可湿性粉剂440～680g，兑水80～100kg灌根，播种前种子用本药剂100倍液浸种30min，浸种后的余液泼浇营养钵或苗床；育苗时的用药量用种植667m²或1hm²地所需营养钵或苗床面积的量折算；移栽定植时和初发病前始花期各用1次。

(6) 苦瓜蔓枯病（图5-17） 用56％氧化亚铜水分散粒剂800倍液喷雾防治。

图5-16　苦瓜枯萎病全株萎蔫状　　　图5-17　苦瓜蔓枯病发病叶片

(7) 苦瓜霜霉病 发病前或发病初期，可选用0.5％小檗碱水剂400倍液、1％蛇床子素可溶液剂400倍液、1∶1∶200波尔多液等喷雾防治。

(8) 苦瓜细菌性角斑病、叶枯病（图5-18） 用56％氧化亚铜水分散微颗粒剂800倍液，或1∶1∶200波尔多液、3000亿个/g荧光假单胞杆菌可湿性粉剂500倍液、47％春雷·王铜可湿性粉剂1000倍液、30％碱式硫酸铜悬浮剂400倍液、33.5％喹啉酮悬浮剂800倍液等喷雾，隔10d一次，防治2～3次。

图 5-18　苦瓜细菌性叶枯病

图 5-19　瓜实蝇为害苦瓜造成的蛀孔

图 5-20　苦瓜被瓜实蝇产卵为害后果
面现产卵孔

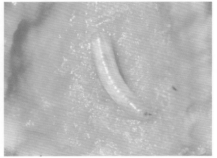

图 5-21　瓜实蝇幼虫为害苦瓜果肉特写

　　(9) 瓜实蝇（图 5-19～图 5-21）、瓜绢螟（图 5-22～图 5-24）　防治方法参见有机黄瓜章节。

图 5-22　瓜绢螟低龄幼虫为害苦瓜叶片

图 5-23　瓜绢螟幼虫为害苦瓜果实

图5-24　瓜绢螟为害苦瓜果实

六、
有机丝瓜

丝瓜（图6-1），在长江流域的主要栽培方式有春大棚促成栽培（图6-2，1月底至2月上中旬电热线育苗，3月上中旬选冷尾暖头的下午定植，4月至10月采收），以及春露地地膜覆盖（3月上旬至4月上旬均可浸种催芽后播种，4月上旬至5月定植，6～10月采收）栽培。

图6-1　丝瓜果实

图6-2　丝瓜早春大棚栽培

1. 有机丝瓜春露地栽培技术要领

【选择品种】丝瓜露地栽培（图6-3）应根据当地习惯，选用优质、高产、抗病虫、抗逆性强、适应性强、商品性好的品种。如早佳、兴蔬运佳、益阳白丝瓜（图6-4）等。

图6-3
丝瓜露地栽培

图6-4
益阳白丝瓜

【播种育苗】一般应于3月上旬浸种催芽后播种，4月上旬地膜覆盖定植。

【配制营养土】选用3年以上未种过瓜类蔬菜的肥沃菜园土1份，人畜粪或厩肥1份，碳化谷壳或草木灰1份，拌和堆制腐熟发酵后配制营养土。

【种子处理】种子用50～55℃热水加0.1%的高锰酸钾浸种15～20min，不断搅拌，洗净后催芽或直播。

【催芽】将消毒浸泡处理好的种子用湿纱布包好置于30～35℃温度下催芽，2～3d，芽长1.5cm时播种（图6-5）。

【播种】采用大棚内加盖小拱棚育苗，播种时先打透底水，再铺5cm厚的消毒营养土，然后播种，播后盖过筛细土1cm厚，薄洒一层水后盖上地膜，出苗后将地膜揭开起拱。

也可采用营养钵育苗（图6-6），把营养钵装入大半钵营养土，将催芽种子播入，将钵放在铺有地膜的苗床上，上盖地膜和小拱棚保温，出苗后揭开地膜起拱，不需分苗。

图6-5　催芽后准备播种的丝瓜种子

图6-6　丝瓜采用营养钵育苗一次成苗

【苗期管理】播发芽籽2～3d可出苗，播湿籽的需15～25d出苗。1叶1心时分苗，每钵1株，分苗后浇定根水，盖小拱棚增温保湿促缓苗。定植前7d开始炼苗，床温降到10～12℃。幼苗长出3～4片真叶时定植（图6-7）。

目前，蔬菜合作社或大型丝瓜基地均采用穴盘基质育苗（图6-8）。

【整地施肥】选择土质肥沃、排灌方便的地块。定植前每667m²撒施充分腐熟农家肥1000～2500kg，深翻细耙，做1.5～1.6m宽平畦，有条

图6-7　适宜定植的丝瓜营养钵苗　　　　图6-8　丝瓜穴盘基质育苗

件的可覆盖地膜，地膜仅覆盖丝瓜种植行（图6-9）。在做畦的同时应再沟施磷矿粉50kg、钾矿粉20kg作基肥。夏丝瓜生长时期气温高，易徒长，一般基肥要少施或不施。

【定植】抢晴天及时定植，地膜覆盖栽培时，可用打孔器打孔（图6-10），株距30cm，行距80～100cm，每穴2～3株，每667m²栽250～350穴，定植后可用干细土或土杂肥盖好定植穴（图6-11）。

【浇定根水】定植后，浇足定根水（图6-12）。

图6-9　丝瓜露地栽培整土施肥做畦盖　　图6-10　地膜覆盖栽培用打孔器打孔
　　　　膜效果图

图6-11　定植后用土杂肥封定植穴　　　　图6-12　定植后浇定根水

【浇缓苗水】定植5～7d后浇缓苗水。

建议从缓苗水开始，每667m²用1亿CFU/g枯草芽孢杆菌微囊粒剂（太抗枯芽春）500g+3亿CFU/g哈茨木霉菌可湿性粉剂500g+0.5%几丁聚糖水剂1kg浇灌植株，后期可每月冲施1次。

【中耕蹲苗】开花坐瓜前，适当控水蹲苗，适时中耕。必须浇水时，应选晴天中午前后进行。

【引蔓绑蔓】

（1）搭架　蔓长30～50cm时及时搭架，多用杉树尾作桩，用草绳交叉连接引蔓，也可用竹竿搭"人"字形篱笆架，或平棚架（图6-13）。

（2）绑蔓理蔓　爬蔓后，每隔2～3d要及时绑蔓理蔓，松紧要适度。绑蔓可采用"之"字形上引。

【保湿防涝】前期适当控制水分，必须浇水时，应选晴天中午前后进行。开花结果期应确保水分的供应，但遇雨天应排水防涝。干旱季节每10～15d灌水一次，保持土壤湿润。

【人工授粉】每株留足一定的雄花量，授粉时间以早上8～10时为好，授粉前，要检查当天雄花有无花粉粒，雌雄授粉配比量，一般要1∶1以上。

【除侧蔓】上架后一般不摘除侧蔓，但若侧蔓过多，可适当摘除。

【看苗施肥】第一雌花出现至头轮瓜采收阶段，在施足基肥的基础上，以控为主，看苗施肥。

【盘蔓压蔓】晚春、早夏直播的蔓叶生长旺盛，常会徒长，需盘蔓、压蔓，在瓜蔓长50cm左右时培土压蔓一次，瓜蔓长70cm左右再培土压蔓一次，将蔓盘曲在畦面上，摘除侧蔓。

【摘卷须去雄花】在整枝的同时要摘除卷须、大部分雄花及畸形幼果。

开花坐果后，要及时理瓜，必

图6-13　丝瓜搭架地膜覆盖栽培

图6-14　丝瓜吊泥坨拉直图

要时可在幼瓜开始变粗后，在瓜的下端用绳子吊一块石头或泥坨（100g左右）（图6-14），使丝瓜长得更直、更长。

【施壮瓜肥】头批瓜采摘后，开始大肥大水，结合中耕培土每667m²施腐熟猪牛鸡粪200～250kg。一般在结果期每隔5～7d追施速效腐熟粪尿水1000～2000kg。

【去病老叶】生长中后期，适当摘除基部的枯老叶、病叶。结果盛期，要及时摘除过密的老叶及病叶。

【及时采收，分级上市】丝瓜以幼嫩果实供食用，应在雌花开放后10～15d及时采收，一般1～2d采收一次，用剪刀采收。有条件的地区建立冷链系统，实行商品化处理、运输、销售全程冷藏保鲜。

2.有机丝瓜主要病虫害综合防控

【农业防治】

（1）实行轮作　与非寄主或抗性作物轮作2年以上，最好实行水旱轮作1年。

（2）种子处理　选用抗病品种。种子在播种前置于阳光下晒1～2d。温汤浸种，可用50～55℃的温水搅拌浸泡30min，温度下降到30℃继续浸种8～10min，加入1％高锰酸钾溶液消毒20～30min，清洗后在28～30℃催芽48～72h，露芽后即可播种。

（3）科学施肥　选择地势高、通风、排水良好的地块种植。施足基肥，增施磷钾肥。对酸性土壤应每667m²施消石灰100～150kg，把土壤pH调到中性。因生长期长，应多次追肥。

（4）加强湿度管理　采用深沟高畦、地膜覆盖种植，丝瓜架棚要搭得高些，下垂的果实不要与地面接触，同时要注意通风，防止湿气滞留。大棚春提早促成栽培时，高温高湿时要注意及时放风降湿。合理浇水，保持田间湿润，干旱时应避免大水漫灌，雨季大雨后及时开沟排水，防止长时间积水。

（5）清洁田园　生长期间及时摘除病叶、老叶、卷须，以及多余的雄花等。收获后及时清除病残体。

【物理防治】

（1）高温闷棚　有根结线虫的大棚，清园后大量线虫存留在地表，此时应立即关闭通风口，高温闷棚 7～10d，可将地表 5cm 土壤温度提高到 50℃以上，杀灭地表线虫。然后用犁等深翻土壤，按照石灰氮消毒的方法对土壤进行熏蒸消毒，杀灭地下线虫等土传病害。

（2）诱杀防治

① 性诱剂诱杀　如诱蝇酮和甲基丁香酚等，将性诱剂滴在棉芯上，放入诱瓶中，能诱捕瓜实蝇。诱捕范围可在 15m 以内。

② 设置"粘蝇纸"诱杀　在瓜实蝇的为害高峰期，把粘蝇纸固定于竹筒（长约 20cm、直径 7cm）上，然后挂在离地面 1.2m 高的瓜架上，每 15～20m^2 挂 1 张，每 10d 换纸 1 次。

③ 挂瓶诱杀　用 90% 敌百虫晶体 20g+糖 250g+少量醋 +1000g 水搅拌均匀后挂瓶诱杀，每 667m^2 挂 10 瓶，每瓶装毒饵 100mL。

④ 黄板诱杀　每 667m^2 设置 30 张黄板，挂在离地面 1.2m 高的瓜架上，可防治蚜虫、蓟马、瓜实蝇等。

⑤ 灯光诱杀　利用瓜绢螟成虫等的趋光性诱杀成虫，可于成虫盛发期间在田间安装频振式杀虫灯（每 1.5hm^2 安装 1 盏）或黑光灯（每 0.5hm^2 安装 1 盏）诱杀成虫。在瓜绢螟发生前，提倡采用防虫网防治瓜绢螟兼治黄守瓜。

（3）人工捕捉　在瓜苗较小时，早晨植株露水没干时黄守瓜成虫活动不太活跃，不易飞翔，可人工捕捉，如果成虫正在杂草上取食，连草带虫一起拔除。

【生物防治】潜蝇茧蜂是瓜实蝇主要寄生蜂。斯氏线虫墨西哥品系对瓜实蝇具抑制作用，每平方厘米土壤中放入 500 只斯氏线虫侵染期幼虫，可以有效抑制瓜实蝇。此外，绿僵菌、球孢白僵菌对瓜实蝇也具致病性。

喷施石灰水或草木灰浸出液可预防霜霉病。取 1kg 石灰与 14kg 水浸泡

24h后，取10kg石灰水滤液，于4～5h后喷施茎叶。

【药剂防治】

（1）丝瓜白粉病　大棚栽培，每50m³可用硫黄120g、锯末500g拌匀，分放几处进行熏蒸，于傍晚开始，熏蒸1夜，第二天清晨开棚通风。

发病前，可喷施1∶1∶200波尔多液预防。发病初期，可选用1%蛇床子素水乳剂400～500倍液，或10亿活芽孢/g枯草芽孢杆菌可湿性粉剂600～800倍液、53.8%氢氧化铜水分散粒剂1000倍液、0.5%大黄素甲醚水剂600～1000倍液等喷雾防治，发病初每7d1次，连喷2～3次，可兼防灰霉病。

发病初期，用浓度为0.2%～0.5%的碳酸氢钠溶液，或70%印楝油100～200倍液喷雾1次即可，效果不显著时，可隔日再喷1次。

发病初期，用高脂膜30～50倍液，喷在叶、茎表面，形成一层薄膜，使白粉病菌缺氧而死，每6～7d1次，连喷3～4次。

用硫黄粉0.5kg、骨胶0.25kg、水100kg，先把骨胶用热水煮化（煮胶容器最好放在热水中），再加入硫黄粉调成糊状，然后再加足水稀释，搅匀后喷雾。或用50%硫黄胶悬剂200～400倍液喷雾，每隔10d左右喷洒1次，一般轻者用药2次，发病重者用药3次。或每667m²用80%硫黄干悬浮剂或80%硫黄水分散粒剂200～230g兑水60～75L喷雾，间隔7～10d喷雾1次，共喷3次。

（2）丝瓜蔓枯病（图6-15）　发病前，可选用30%琥胶肥酸铜可湿性粉剂500～800倍液喷雾防治，每隔5～7d1次。

（3）丝瓜绵腐病（图6-16）　将人工培养的抗生菌施入土中能抑制病菌生长，如在瓜田施用枯草芽孢杆菌或哈茨木霉的培养物。或喷施10亿活芽孢/g枯草芽孢杆菌可湿性粉剂600～800倍液、2亿活孢子/g木霉菌可湿性粉剂300倍液等。

泼浇。重病区在种植前每667m²用5kg硫酸铜均匀施在定植沟内，或用水稀释后泼浇土壤。

（4）丝瓜霜霉病（图6-17）　大棚消毒。栽苗前按每1m²空间用5g硫黄粉和10g锯木混合，分放几处点燃，密闭熏24h，1d以后再栽苗。若每667m²用0.3%丁子香酚液剂40～50g，兑水40～50kg，于作物发病初期喷施,3～5d用药一次,连用2～3次,可防治霜霉病,还可兼治灰霉病、炭疽病、白粉病、疫病等。

(5)丝瓜炭疽病 发病初期,可选用53.8%氢氧化铜水分散粒剂1000倍液,或2亿活孢子/g木霉菌可湿性粉剂300倍液喷雾,每隔5～7d 1次,连续防治3～4次,可兼治白粉病、灰霉病、霜霉病等。

(6)丝瓜枯萎病 在丝瓜播种育苗时,每平方米用10^8CFU/g健根宝可湿性粉剂10g与15～20kg细土混匀,1/3撒于种子底部,2/3覆于种子上面,可预防猝倒病、立枯病。也可在丝瓜定植时,按每100g 10^8CFU/g健根宝可湿性粉剂掺细土150～200kg的比例,混匀后每穴撒100g,可预防立枯病、枯萎病等。进入坐果期,按每100g10^8CFU/g健根宝可湿性粉剂兑45kg水的比例灌根,每株灌250～300mL,以后视病情连续灌2～3次,对控制枯萎病的初次发生有一定效果。

(7)丝瓜细菌性角斑病 发病初期或蔓延开始期,选用77%氢氧化铜可湿性粉剂500倍液等喷雾防治。

(8)丝瓜疫病 发病前或发病初期,选用56%氧化亚铜水分散粒剂800倍液等喷雾防治,5～7d喷

图6-15 丝瓜蔓枯病叶片病斑

图6-16 丝瓜绵腐病病瓜

图6-17 丝瓜霜霉病叶正面后期病斑
黄色及褐色状

图6-18 黑足黄守瓜为害丝瓜叶

图6-19 瓜实蝇成虫在丝瓜果实上产卵
危害

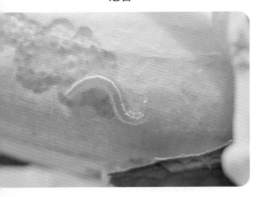

图6-20 瓜绢螟幼虫在丝瓜瓜条上刮食
瓜皮

1次，交替用药3～4次。

（9）丝瓜根结线虫病 移栽期，每667m²用2.5亿孢子/g厚孢轮枝菌微粒剂1～1.5kg与农家肥混匀施入穴中；定植期或追肥期，每667m²用2.5亿孢子/g厚孢轮枝菌微粒剂1.5～2kg与少量腐熟农家肥混匀施于作物根部，也可拌土单独施于作物根部。

（10）黄守瓜（图6-18） 可将茶籽饼捣碎，用开水浸泡调成糊状，再掺入粪水中浇在瓜苗根部附近，每667m²用茶籽饼20～25kg。也可用烟草水30倍浸出液灌根，杀死土中的幼虫。

或选用0.5%印楝素乳油600～800倍液、2.5%鱼藤酮乳油500～800倍液等喷雾防治成虫。或用7.5%鱼藤酮乳油800倍液灌根防治幼虫。

（11）瓜实蝇（图6-19）、瓜绢螟（图6-20） 防治方法参见有机黄瓜章节。

（12）斜纹夜蛾（图6-21） 可每667m²选用0.6%印楝素乳油100～200mL，或400亿个孢子/g白僵菌25～30g，兑水30kg喷雾，或用100亿个孢子/mL短稳杆菌悬浮剂800～1000倍液等喷雾防治，10～14d喷一次，共喷2～3次。

图6-21
斜纹夜蛾为害丝瓜

七、有机南瓜

南瓜，是一类瓜类蔬菜的通称，通常所说的南瓜有中国南瓜（图7-1）、印度南瓜（图7-2）和美洲南瓜。

在长江流域，南瓜的栽培方式有：早春大棚栽培（图7-3，2月上中旬播种育苗，3月上中旬定植，4月至6月上旬采收）、小拱棚套地膜覆盖栽培（图7-4，2月下旬至3月初育苗，3月底至4月初定植，5月底至6月初上市）、春露地栽培（图7-5，早熟栽培于2月中下旬至3月上旬，在大中棚或小拱棚内播种。早熟栽培的多在4月中下旬，中、晚熟栽培多在5月上中旬，于2片真叶展平时定植）、秋延后大棚栽培（7月上中旬播种，7月中下旬定植，9月中下旬至11月上旬采收）。生产上以春露地爬地栽培方式为主。

图7-1　中国南瓜（蜜本南瓜）

图7-2　印度南瓜（板栗南瓜）

图7-3
南瓜大棚栽培

图7-4
南瓜小拱棚套地膜覆盖
栽培

图7-5
南瓜露地地膜覆盖栽培

1. 有机南瓜春露地栽培技术要领

南瓜春露地栽培有育苗移栽和露地直播两种。早熟栽培或大面积栽培的一般集中育苗，中、晚熟栽培或零星种植的一般直播。

【苗床准备】应选地势高燥、避风向阳处建苗圃。可用温床或电热畦育苗、冷床育苗或塑料薄膜小拱棚育苗等方式。一般采用塑料小拱棚冷床育苗（图7-6）。播种前10～15d，将床土翻耕晒白。整平做畦，地苗畦宽1.5m（包沟），畦高20cm左右；容器苗做畦宽1.2m，畦高10cm，不必翻耕。

【床土配制】可用肥沃无病虫害的园田土5份、腐熟堆肥3份、细沙或草炭2份、适量草木灰拌匀过筛，铺成7～8cm厚的床土。最好用塑料筒或营养钵育苗。

【种子处理】除去瘪籽和畸形籽后，选晴天晒1～2d。种子用10%磷酸三钠浸20min，洗净后催芽。于25～30℃下，经36～48h，芽长3～5mm时，即可播种。

【播种】营养钵（块）播种，每穴1～2粒，播后撒一层2cm厚营养土盖种，用细水轻浇，床面上铺一层稻草或塑料薄膜保温保湿。盖好棚膜，夜间加盖草帘保温。

【苗期管理】播后保持白天床温25～30℃，夜间12～15℃。子叶拱土时及时揭去床面上覆盖物，同时放风降温防徒长，白天保持20～25℃，夜间控制在10℃左右。定植前应炼苗。

有条件的可采用基质穴盘育苗（图7-7）或漂浮育苗等。

【施足基肥】每667m²撒施腐熟有机肥4000～5000kg，磷矿粉40kg，钾矿粉20kg。深翻细耕，肥土混合均匀。酸性土壤宜每3年每667m²施一次生石灰75～100kg。发病重的田块，每667m²施石灰100～150kg。

【整地做畦】做畦方式分以下三种。

（1）爬地式　畦面宽3m，在畦的一侧按50～60cm的株距定植，成蔓后向一个方向引蔓，也可将两畦并为小区，使两边的瓜蔓相对引蔓，或在畦中间种一行，使其向两边分蔓。其间可点种玉米、高粱等。每667m²约700～800株。

图7-6　南瓜小拱棚冷床育苗

图7-7　基地菜农展示南瓜基质穴盘育苗

(2)　支架式　畦宽1m或2m，宽畦栽2行，窄畦栽1行，株距0.75～1m，两株间设一支柱，柱高2～2.5m，于1.3m处绑一横架，呈篱形，引蔓于立柱处上升，绕于横架上，每株结一瓜，吊于横架上。适于早熟栽培。

(3)　棚架式　搭成平棚架或钢架拱形架，畦宽2.7～3.3m，沟宽0.7m，于畦面两侧对栽瓜苗两行。每667m² 300余株。较适于庭院栽培。

不论采用哪种方式，均应深沟高畦，畦高20～30cm。

【定植】

(1)　定植时间　定植的时间要根据当地的终霜期早晚而定。早熟栽培，多在4月中下旬，2～3片真叶时定植，如果定植时有地膜覆盖或地膜加小拱棚覆盖，可提早7～10d定植。

露地中、晚熟栽培，多在5月上中旬，于2片真叶展平时定植。抢"冷尾暖头"天气带土定植，或用营养钵、营养土块育苗至2～3片叶时移栽。

(2)　定植规格　根据不同的做畦方式采用不同的定植规格。

(3)　定植方法　栽的深度不能过深过浅，以子叶节平地面为宜（图7-8、图7-9）。及时覆土，浇定根水。

【查苗补苗】缓苗期，发现死苗缺株及时补上，拔除生长不良、叶片萎蔫发黄、缓苗困难的苗，及时补栽新苗。补苗时要挖大土坨，少伤根系，栽后及时浇水。

【第一次中耕】在浇缓苗水后，中耕7～10cm深，离根系近处浅一

图7-8　把好南瓜的定植关　　　　　　图7-9　南瓜露地地膜覆盖栽培整土
　　　　　　　　　　　　　　　　　　　　　　做畦定植后效果图

些，离根远的地方深一些，以不松动根系为好。

【看苗追肥】缓苗后一般不追肥，如果苗势较弱，叶色淡而发黄，可结合浇水每667m^{2}追施浓度为20%～30%的淡粪水250～300kg，靠近植株基部施用。如果肥力足而土壤干旱，也可只浇水不追肥。

【第二次中耕】在瓜秧开始抽蔓向前爬时进行，并适当向瓜秧根部培土成小高垄。瓜秧倒蔓逐渐盖满地面时不宜再中耕。一般中耕3～4次。

【整枝】爬地栽培的南瓜，一般不整枝，放任生长，对生长势过旺、侧枝发生多的可以整枝（图7-10），去掉部分侧枝、弱枝、重叠枝，改善通风透光条件。

一般早熟品种，特别是密植栽培的南瓜，及利用支架种植的南瓜多采用单蔓式整枝（单蔓式整枝，即摘除全部侧枝，只留主蔓结瓜，在留足一定数目的瓜后，进行摘心）。

中、晚熟品种采用多蔓式整枝（多蔓式整枝，即在主蔓第五至第七节时摘心，而后留下2～3个侧枝，每条侧枝留1～2个果，在第二果上留2～6片叶摘心，其余摘除，以侧蔓结瓜为主。主蔓也可以不摘心，而在主蔓基部留2～3个强壮的侧蔓，把其他的侧枝摘除，主侧蔓都能结瓜）。

【理蔓压蔓】压蔓前要先行理蔓（图7-11），使瓜蔓均匀地分布于地面，当蔓伸长0.6m左右时第一次压蔓，以后每隔0.3～0.5m压蔓一次，共3～4次。（压蔓，即在蔓旁挖一个7～9cm深的浅沟，将蔓轻轻放入

图7-10　菜农对南瓜进行整枝　　　　　图7-11　南瓜理蔓效果图示

沟内，再用土压好，生长顶端要露出12～15cm。）

　　南方多雨，可用土块压在地面，使南瓜顶端12～15cm露出土面即可。

　　对于实行高度密植栽培的早熟南瓜，可压蔓一次或不压蔓，支架式栽培需压蔓1～2次。

　　【引蔓】支架式栽培的，上架前让基部瓜蔓在地上生长，压蔓1～2次后才引上支架，方法有交叉式引蔓和圈藤式引蔓两种（交叉式引蔓，即将瓜蔓互相往其相邻植株的架材上牵引。圈藤式引蔓，即将瓜蔓在其架材周围环绕一圈，然后牵引上架）。

　　【人工授粉】一般南瓜花在凌晨开放，早晨4～6时授粉最好，人工授粉应选择晴天上午8时前。南瓜雌花比雄花早开3～5d，第一雌花开放后，可用西葫芦雄花替代授粉。

　　【结合浇水追施壮瓜肥】坐稳一两个幼瓜后，应在封行前重施追肥，每667m² 追施50%的粪水1000～1500kg，一般进行条施，并向畦的两侧移动，也可在根的周围开一环形沟，或用土做一环形圈，然后施入人畜粪和堆肥。

　　注意：这个时期如果无雨，应及时浇水。

　　【进入采收】南瓜的嫩瓜和老熟瓜均可采收，早期瓜和早熟种南瓜在花谢后10～15d可采收嫩瓜；中晚熟种在花谢后35～60d采收充分老熟的瓜。

【追肥防早衰】开始采收后，每667m²追施粪肥300kg左右。

> **注意：** 如果不收嫩瓜，收老瓜，后期一般不追肥，根据土壤干湿情况浇一两次水即可。多雨季节及时排涝。

施肥量应按南瓜植株的发育情况和土壤肥力情况来决定，如瓜蔓的生长点部位粗壮上翘、叶色深绿时不宜施肥。如果叶色淡绿或叶片发黄，则应及时追肥。

【套种遮阴】后期正值夏季高温期，可适当套种高秆作物，降温遮阴。

【叶面施肥】生长中后期进行根外追肥。如0.2%～0.3%的尿素、0.2%～0.3%的磷酸二氢钾等，一般7～10d喷施一次，几种肥料可交替施用，连喷2～3次。

【老株翻秋】夏播的南瓜，8月中旬摘去全部老嫩瓜，剪去枯老叶和部分侧枝，每667m²施充分腐熟尿水肥2000kg，在行间深中耕15～20cm，将肥翻入土中，同时伤其部分老根，刺激发新根。接着灌足水，经常保持土壤湿润，10月上旬前后可大量结秋瓜。

附：南瓜露地栽培，除育苗移栽外，零星种植也可采用直播，其直播方法如下。

【直播时间】中、晚熟栽培，宜在4月上中旬先催芽后直播，或干籽直播。

【直播方法】在播种前先开穴，浇足底水，每穴直播种子3～4粒，水渗后再覆盖2cm厚细土。1～2片真叶时间苗，每穴选留2株壮苗。

有的在播种后夜间扣一泥碗，白天揭开见光，或在播种时将土覆得厚一些，出苗前再去掉多覆的土，可保湿促长。

【直播管理】苗期一般不浇水，应多次中耕、松土，并向幼苗周围培土。缺水时可在距主茎基部20cm处开沟浇暗水，水渗后再覆土。

其他管理同育苗移栽。

2. 有机南瓜主要病虫害综合防控

【农业防治】

（1）实行轮作　发病重的田块，可实行水旱轮作，也可与禾本科作物进行轮作。

（2）加强管理　选择地势高、通风、排水良好的地块种植。注意控制大棚的温度，特别要注意降低夜温，避免徒长。控制好湿度，注意通风。坐瓜后用草圈等物把瓜垫起来，避免与土壤接触。高温多雨的夏季浇水后晒田，7d后再晒一次。

及时整枝，勿使植株过于郁闭。田间整枝等农事活动要实行专人流水作业，以减少病菌的交叉传染，整枝时，不要用手掐或用剪刀剪蔓，而是将枝杈从基部折下，并避免用手接触保留的瓜蔓。

（3）肥水管理　根据有机南瓜栽培管理加强肥水管理。

（4）清洁田园　清除瓜地和瓜地周围的杂草。田间发现病株应立即拔除、烧毁或深埋，以免传播危害。

（5）种子消毒　对种子进行70℃干热消毒3d，可同时防治蔓枯病。或将种子放入45～50℃温水浸种，浸种时不断搅拌，待水温降至35℃时，浸泡2h再用0.02％的高锰酸钾浸泡15min消毒后，用清水冲洗净，滤干，然后用湿毛巾包好置于25～30℃的温度下，经过24h催芽，待芽露白即可播种于营养袋。

【物理防治】

（1）人工捕捉　在瓜苗较小时，早晨植株露水没干时黄守瓜成虫活动不太活跃，不易飞翔，可人工捕捉，如果成虫正在杂草上取食，连草带虫一起拔除。

（2）网捕黄守瓜成虫。

【药剂防治】

（1）南瓜白粉病（图7-12）　生长期用27％高脂膜乳剂80～100倍液，于发病初期喷洒在叶片上，一般5～6d喷1次，连喷3～4次。发病初期，也可用碳酸氢钠500倍液进行喷雾，每隔7～9d喷1次，每667m^{2}每次喷药液75kg。

病害发生前，可选用53.8％氢氧化铜水分散粒剂1000倍液，或27.12％碱式硫酸铜悬浮剂500倍液、0.5％大黄素甲醚水剂600～1000倍液、1％蛇床子素水乳剂400～500倍液预防，隔7～10d喷1次，连续喷2～3次。

图7-12　南瓜苗期白粉病

图7-13　南瓜灰霉病病叶

（2）南瓜灰霉病（图7-13）　发病初期，每667m²用0.3%丁子香酚液剂40～50g，兑水40～50kg喷雾，3～5d一次，连用2～3次。还可防治霜霉病、白粉病、炭疽病、疫病、叶霉病等。

或每667m²使用1000亿活芽孢/g枯草芽孢杆菌可湿性粉剂50～60g，兑水30～60L喷雾，兼防白粉病。

（3）南瓜白绢病　在发病初期，每667m²用2亿活孢子/g木霉菌可湿性粉剂400～450g，和细土50kg拌匀，制成菌土，撒在病株茎基部，隔5～7d撒1次，连续2～3次。

（4）南瓜病毒病（图7-14、图7-15）　可选用4%嘧肽霉素水剂200～300倍液等喷雾防治。

图7-14　南瓜花叶病毒病叶片

图7-15　南瓜病毒病病果

（5）南瓜蔓枯病（图7-16、图7-17）　发病初期，可选用56％氧化亚铜水分散微颗粒剂600～800倍液喷雾，隔3～4d后再喷1次，以后视病情变化决定是否用药。

（6）南瓜霜霉病　发病前选用0.5％几丁聚糖可湿性粉剂600倍液，或100万个孢子/g寡雄腐霉菌可湿性粉剂3000倍液喷雾，5～7d喷施1次，连喷3次。

（7）南瓜炭疽病　发病初期，可选用1.5亿活孢子/g木霉菌可湿性粉剂300倍液，或0.05％核苷酸水剂600～800倍液等喷雾防治。

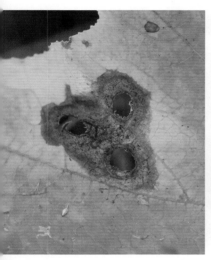

图7-16　南瓜蔓枯病叶圆形病斑

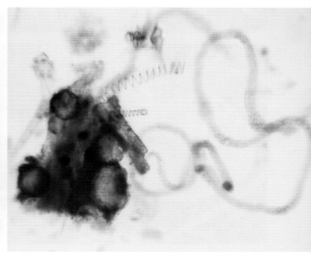

图7-17　南瓜蔓枯病病原100倍显微图

（8）南瓜细菌性叶枯病（图7-18）　发病初期，可选用3％中生菌素可湿性粉剂800～1000倍液等喷雾防治，视病情间隔7～10d喷一次，交替喷施，前密后疏。

（9）南瓜疫病（图7-19）　可用47％春雷·王铜可湿性粉剂600～800倍液喷雾，控制病害蔓延。

（10）黄守瓜（图7-20）、瓜绢螟　防治方法参见有机黄瓜章节。

图 7-18
南瓜细菌性叶枯病病叶

图 7-19
南瓜疫病果实病斑暗色至
暗绿色水浸状圆形病斑

图 7-20
黄守瓜为害南瓜叶片

八、有机西瓜

西瓜（图8-1）的栽培方式在长江流域有大（中）棚早熟栽培（图8-2，一般2月上中旬播种，2月底3月上旬定植，5月下旬始收）、春露地栽培（一般3月上中旬播种，4月上中旬定植，6月中旬始收）、春地膜覆盖栽培（图8-3，一般2月底至3月上旬播种，

图8-1　采收的8424西瓜

3月底至4月上旬移栽，6月上中旬始收）、小拱棚地膜覆盖栽培（一般3月上中旬定植，6月上旬始收）、大棚秋延后栽培（一般7月中下旬播种，8月中下旬定植，11月中旬始收）。以春露地栽培和地膜覆盖栽培为主。

图8-2　西瓜中棚地膜覆盖栽培

图 8-3
西瓜露地地膜覆盖
爬地栽培

1. 有机西瓜早春露地栽培技术要领

【品种选择】早春露地栽培应选择适应性、抗逆性强、高产优质、耐储运的品种，如新红宝、聚宝 3 号等。

【施基肥】基肥以腐熟有机肥为主，每 667m² 施腐熟有机肥 5000kg、生物有机肥 200kg。

【整土】选择排灌条件良好、保肥、保水的土壤，南方一般作高畦，高畦又分宽畦、窄畦 2 种。

宽畦。沟宽连沟 4.0 ～ 4.5m（其中沟宽约 60cm），在畦面两侧各留 70cm 种瓜行，使瓜蔓对爬，在畦间挖排水沟。

窄畦。沟宽连沟 2.0 ～ 2.5m，高 40 ～ 50cm，两畦间有一宽 30 ～ 40cm 的排水沟，在畦中央种 1 行西瓜。

各种瓜畦长度以不超过 30m 为宜。

播前或定植前浇透底水。

【铺地膜】做畦前必须做好底墒，土壤湿度以手握成团，落地即散开为宜。

通常是在播种前或幼苗定植前 5 ～ 7d 的无风晴天进行，采用厚度 0.015 ～ 0.020mm、宽度 70 ～ 90cm 的聚乙烯透明超薄膜。

【直播】春露地西瓜多采用直播。

南方一般 4 月上旬播种，在播种畦上按株行距开播种穴，穴深 3cm 左右。直播分未催芽播种和催芽播种，未催芽种子，一般每穴播种2～3粒；催芽种子，一般每穴播种2粒左右。粒距3～4cm，覆土约3cm。

播后覆盖地膜，芽顶土及时撤除。出苗后及时间苗、补苗，从第1片真叶开始，分2次或3次间掉多余幼苗，第3或4真叶展开时定苗。

种植密度随品种而异。一般早熟品种双蔓整枝每667m^2 600～800株、单蔓整枝900～1050株；中熟品种双蔓整枝，800～900株；晚熟品种双蔓整枝，每667m^2 600～650株。一般株距0.5～0.6m。

【育苗移栽】如为了提早上市，也可育苗移栽。

播前先温汤浸种，在50～55℃水中浸泡10～15min，期间不断搅拌，至水温降到室温（20～25℃）浸种8～12h；然后在28～30℃恒温下催芽，经24～48h种子大部分露白即可播种。一般用营养钵育苗为宜。播种时将经催芽的种子平放，并覆土约2cm。幼苗出土前苗床白天温度保持在28～30℃、夜间20℃左右，可用地膜等覆盖物保温；幼苗出土后要及时揭掉保温覆盖物，白天保持20～25℃、夜间15℃左右；待植株长出1片真叶后白天温度保持在25～28℃、夜间18℃左右。定植前3～4d通风炼苗。

为有效克服土传病害，可嫁接育苗（图8-4）。常用砧木为黑籽南瓜，嫁接方法常采用插接、靠接、劈接。

在当地终霜后定植，以2～4片真叶，或苗龄30～35d的大苗为宜。选晴天上午进行，密度同直播。可先盖膜后定植，也可先定植后盖膜。

【第一次浇水】定植后3～4d浇一次缓苗水。

建议从缓苗水开始，每667m^{2}用1亿CFU/g枯草芽孢杆菌微囊粒剂500g+3亿CFU/g哈茨木霉菌可湿性粉剂500g+0.5%几丁聚糖水剂1kg浇灌植株（图8-5），后期可每月冲施1次。

【中耕除草】除地膜覆盖的地面外，其余裸露的地面一般要进行2～3次中耕除草。选在晴天进行。

【第一次追肥】提苗肥，苗期在距幼苗根10cm处开环形浅沟，每次每667m^{2}施稀人粪尿250～300kg，连续2～3次。开沟施肥后封土，然后浇小水。

【第二次浇水】进入伸蔓期后，结合伸蔓肥适量浇水，选晴天上午浇

图8-4 西瓜嫁接苗　　　　　　　　　图8-5 西瓜微生物菌剂灌根防病

水，经中午日晒后，下午封沟，灌水以土壤见干见湿为原则。

【第二次追肥】第一次追肥在果实核桃大时，每株施生物有机肥90g，或每667m²施50%氨基酸菌肥10kg。

【整枝】双干整枝，取主蔓和主蔓基部一条健壮侧蔓，其余侧蔓除去（图8-6）。将主侧蔓引向同一方向，一般当主蔓长40～50cm时，选留侧蔓。

【盘条或板根】盘条是在瓜蔓长30～50cm时，将主蔓和侧蔓（双蔓整枝）分别引向植株根际左右后斜方，弯曲呈半圆形后，瓜蔓龙头再回转朝向前方，将瓜蔓压入土中。

板根：在瓜蔓长30～50cm时，将主、侧蔓向预定的方向压倒，使瓜秧稳定。

目前生产上多用板根代替盘条。

【压蔓】分明压和暗压两种。

明压：用土块或塑料夹将瓜蔓压在畦面上（图8-7），一般每隔20～30cm压1次，适用于早熟、生长势较弱的品种，以及土质黏重、雨水较多、地下水位较高的地区。

暗压：将一定长度的瓜蔓全部压入土中，一般先用瓜铲开深8～10cm、宽3～5cm的小沟，将瓜蔓理顺、拉直、埋入沟内，只露出叶片和生长点，覆土拍实即可，对生长势旺盛、易徒长的品种效果良好，尤其适用于沙性土壤、丘陵坡地栽培。

一般每隔20～30cm压1次，主蔓压4～5次，侧蔓压3～4次。

图8-6 西瓜整枝一主一侧

图8-7 西瓜压蔓

注意： 压蔓要求严格及时。坐果雌花前后2节不能压。不能压住叶片。瓜蔓分布要均匀。茎叶生长旺盛时应重压、深压，植株生长势较弱时，应轻压。最好在午后进行。

【控水】雌花开放至幼果坐住时应控水。

【人工辅助授粉】雌花在早晨7～10时为授粉最佳时间，1朵雄花可授3～4朵雌花，每一批瓜在5～7d内授完（图8-8），也可采用蜜蜂授粉。

【第三次浇水】雌花开放5～6d后，进入膨果期，需水量增大，3～4d浇一次水，水量不宜过大。当果实碗口大时，正值果实膨大的高峰期，需要大量水分，此时开始大水漫灌，始终保持畦面湿润。但在南方，此时正值高温多雨季节，应以排水为主。

【留瓜护瓜】一般留第二或第三个雌花结瓜，早熟品种以第二雌花留瓜为主，中晚熟品种以选留第三雌花留瓜为主。一般中小型果，双蔓整枝，每株留1～2个瓜为宜，其余的幼瓜应及时摘除，侧蔓为结果备用。

【顺瓜】在果实长到核桃大时，将瓜下面土壤做成斜坡高

图8-8 给西瓜人工授粉

台，将幼瓜顺斜坡理顺摆好，使之顺利发育膨大。

【第三次追肥】当瓜长至直径10～15cm时，每株施生物有机肥60g。在畦的另一侧距植株40cm左右处开沟追肥。

【荫瓜】将坐果节位的侧蔓盘于瓜顶上，或用麦秸、稻草覆盖在西瓜上，以防夏季高温容易引发果皮日灼和雨后裂瓜等。

【垫瓜】当果实长到1～1.5kg时，将瓜下面的土块敲碎整平，在果实下面垫上草圈或麦草。

【叶面施肥】西瓜生长期，可结合喷药进行叶面追肥，药液中加入0.2%～0.3%的尿素或磷酸二氢钾，每隔10d左右喷洒1次。

【翻瓜】在采收前10～15d顺一个方向翻转果实，翻转90°，并顺一个方向翻转，一般每隔2～3d翻1次，使瓜面色泽均匀。翻瓜宜在傍晚进行。

【停水】果实成熟前7～10d，应减少浇水，采收前3～5d停止浇水。

【采收】一般7月上旬开始采收，7月底达到高峰。

2. 有机西瓜主要病虫害综合防控

【农业防治】

（1）实行轮作　主要与非瓜类作物实行3年以上轮作。

（2）培育壮苗　选用适应性和抗病性强的优良品种，如8424、蜜童等。有条件的采用嫁接育苗，嫁接苗场要清洁消毒，选用无病砧木和健康接穗种子。采用营养钵育苗，使用充分腐熟的有机肥作苗基肥，营养钵一次浇透水，嫁接前浇足底水，尽量不用苗顶喷水。注意嫁接操作工具和手的消毒，可用75%酒精消毒。加强苗床管理，当覆膜出现凝露时及时在晴天的中午进行通风排湿。

（3）加强管理　合理密植，及时整枝理蔓，整枝理蔓应在晴天进行，打基部侧蔓时应留少半截。适时清除老叶、病叶。大、中棚内采用地膜全覆盖栽培，降湿增地温。

（4）科学施肥　施用生石灰调节土壤酸碱度为中性。采用测土配方施肥，基肥以充分腐熟的农家肥或商品有机肥为主，适当增施磷钾肥。追肥在定瓜后进行，适时疏瓜定瓜，追施膨瓜肥，及时喷施含腐植酸、海藻酸、甲壳素等的叶面肥，以增强群体抗病性。

防治霜霉病，可在发生前每667m²用红糖100g+磷酸二氢钾50g，兑水30kg，均匀喷施全株叶片，预防作用较好。

（5）合理浇水　选择排水良好的田块，采用深沟高畦或高垄种植，雨后及时排水，避免田间积水。定植后适当控水，发病后严格控制浇水，切忌大水漫灌，禁止下雨前浇水。

（6）清洁田园　发现中心病株及时拔除，带到田外集中销毁，消灭菌源。对拔除病株后的病穴，要撒石灰乳或用药液灌根消毒。

【物理防治】

（1）水淹杀虫　对根结线虫发病重的病田，为防止其为害下茬作物，在收获罢园后应灌水10～15cm深，保持1～3个月，使根结线虫缺氧窒息而死。

（2）石灰氮灭菌杀虫　对根结线虫严重的病田，收获后及时清除病残体，每667m²撒施生石灰50～100kg、石灰氮50kg，深翻土壤后，将瓜田灌透水，覆膜闭棚7～15d，利用7～8月份高温，使土壤5cm深处的地温白天达60～70℃，可有效地杀灭各种虫态的线虫。如水源不太方便，翻耕后直接撒施石灰氮后覆膜闭棚进行高温灭菌杀虫，效果也较好。

（3）高温闷棚　大、中棚栽培西瓜可采用高温闷棚，在7、8月份灌水高温闷棚能使棚内地温长时间维持40℃以上，严格密封条件下，土壤达到40℃日均温度只需10d。灌水闷棚20d以上对第一茬连作西瓜枯萎病防效可达90%～100%。

（4）色板诱杀　利用黄板诱杀蚜虫、白粉虱、蝇类等害虫，蓝板诱杀叶螨、蓟马等。每667m²挂20～30块，置于行间，使其与植株高度相同，黄板和蓝板可间隔设置。

（5）毒饵诱杀　炒熟的菜籽饼或花生饼具有浓郁的香味，在大、中棚内铺上若干块湿布，湿布上面放纱布，把刚炒好的菜籽饼或花生饼粉撒在纱布上，待螨虫聚集到纱布上后取下用开水烫死，连续诱杀几次，可取得理想效果。

（6）防虫网阻隔　可在西瓜育苗和栽培过程中，于大、中棚的裙膜通风处以及棚门安装防虫网，以阻隔外来虫源进入。

（7）熏棚灭菌　大、中棚栽培种植前，按每100m³空间用硫黄粉250g、锯末500g，分放几处点燃，密闭大棚，熏蒸1夜，可杀灭整个棚内的病菌。

【生物防治】利用捕食螨防治红蜘蛛等螨类害虫。在田间挂捕食螨袋，释放出捕食螨，抑制害螨。

【药剂防治】

（1）西瓜白粉病（图8-9）　在西瓜定植后，可选用50％硫黄悬浮剂300～500倍液，或0.5％大黄素甲醚水剂600～1000倍液等喷雾。

用硫黄粉0.5kg、骨胶0.25kg、水100kg，先把骨胶用热水煮化（煮胶容器最好放在热水中），再加入硫黄粉调成糊状，然后再加足量水稀释，搅匀后喷雾。或用50％硫黄胶悬剂200～400倍液喷雾，每隔10d左右喷洒1次，一般轻者用药2次，发病重者用药3次。或每667m²用80％硫黄干悬浮剂或80％硫黄水分散粒剂200～230g兑水60～75L喷雾，间隔7～10d喷雾1次，共喷3次。

（2）西瓜白绢病　将培养好的木霉菌在发病前拌土或制成菌土撒施均可。用培养好的木霉菌0.4～0.45kg加50kg细土，混匀后撒覆在病株基部，每667m²用菌1kg。

（3）西瓜病毒病（图8-10）　从苗期开始，经常喷施0.2％～0.5％的波尔多液（浓度由低到高）或77％氢氧化铜可湿性粉剂500～700倍液，并可使用一些叶面肥，以增强植株的抗性。发病初期，可选用0.5％

图8-9　西瓜白粉病病叶

图8-10　西瓜病毒病病株

菇类蛋白多糖水剂300倍液，或0.5%几丁聚糖水剂300～500倍液，或每667m²用0.5%香菇多糖水剂200～250g，兑水30kg喷雾防治，视病情间隔7～10d喷一次，于定植后、初果期、盛果期早晚各喷一次。

（4）西瓜根结线虫病（图8-11）　定植前，每667m²用5%淡紫拟青霉粉剂1.5～2kg，拌细干土50kg进行撒施、沟施或穴施。

移栽期，每667m²用2.5亿孢子/g厚孢轮枝菌微粒剂1～1.5kg与农家肥混匀施入穴中；定植期或追肥期，每667m²用2.5亿孢子/g厚孢轮枝菌微粒剂1.5～2kg与少量腐熟农家肥混匀施于作物根部，也可拌土单独施于作物根部。

（5）西瓜枯萎病　播种前用地衣芽孢杆菌药液浸泡种子消毒。田间零星发病时，用高锰酸钾800～1000倍液全田逐株灌根，每次灌500mL，每隔10d灌一次，连喷2～3次。

瓜苗定植后，及时穴浇或浇灌80亿个活芽孢/mL地衣芽孢杆菌水剂500～750倍液，每株50～100mL，每10～15d浇1次，连续浇灌2～3次。

用10亿CFU/g多黏类芽孢杆菌可湿性粉剂3000倍液泼浇，或每667m²用10亿CFU/g多黏类芽孢杆菌可湿性粉剂440～680g，兑水80～100kg灌根。

（6）西瓜蔓枯病（图8-12～图8-14）　定植时，用27.12%碱式硫酸铜悬浮剂500倍液，或2.1%丁子·香芹酚水剂600倍液灌根。缓苗后至生长期，每株灌0.2～0.5kg药液，隔7～10d一次，连续2～3次。对

图8-11　西瓜根结线虫病

图8-12　西瓜蔓枯病大田发病状

图8-13　西瓜蔓枯病病叶典型病斑

图8-14　西瓜蔓枯病表皮开裂及其上的琥珀状胶质物

茎蔓染病的，可在发病初期，用2.1%丁子·香芹酚水剂100倍液加少量面粉拌成稀糊状，用毛笔涂抹病部。

（7）西瓜绵腐病（图8-15）　在瓜田施用枯草芽孢杆菌或哈茨木霉菌的培养物，以利于土壤中拮抗微生物的繁育，从而达到抑制病原菌生长的目的。

图8-15　西瓜绵腐病病瓜

苗期发现病害，可喷淋2.1%丁子·香芹酚水剂600倍液1～2次。重病区在种植前每667m²用硫酸铜5kg均匀施在定植沟内，或用水稀释后泼浇土壤。发病初期，可选用56%氧化亚铜水分散微颗粒剂800倍液等喷雾防治。

（8）西瓜炭疽病（图8-16、图8-17）　在发病初期，每667m²用1.5亿活孢子/g木霉菌可湿性粉剂200～300g，兑水50～60kg，均匀喷雾，每隔5～7d喷一次，连续防治2～3次。

每667m²用10亿CFU/g多黏类芽孢杆菌可湿性粉剂100～200g，兑水50kg喷雾。

（9）西瓜细菌性果斑病（图8-18、图8-19）　掌握在连续阴雨天气后，

图8-16 西瓜炭疽病病蔓

图8-17 西瓜炭疽病病瓜

或在发病初期，选用77%氢氧化铜可湿性粉剂1500倍液、30%碱式硫酸铜悬浮剂400～500倍液、80%乙蒜素水剂1000倍液、56%氧化亚铜水分散粒剂600～800倍液等均匀喷雾。隔10d左右喷1次，防治2～3次。

（10）西瓜疫病 发病前提倡使用恩益碧，每667m²用65mL，兑水250kg灌根，每株灌兑好的药液100mL。

（11）蚜虫（图8-20～图8-22） 为害初期，可选用3%除虫菊素乳油800～1200倍液，或10%烟碱乳油500～1000倍液、2.5%鱼藤酮乳油400～500倍液、0.65%茼蒿素水剂300～400倍液等喷雾防治。

图8-18 西瓜细菌性果斑病穴盘苗
发病状

图8-19 西瓜细菌性果斑病嫁接
苗上暗绿色小点

图8-20　蚜虫为害西瓜致叶片向背面卷叶

图8-21　蚜虫为害西瓜叶片背面

图8-22　大量蚜虫为害西瓜导致煤污

（12）红蜘蛛（图8-23、图8-24）　为害初期，可选用0.5％藜芦碱醇溶液800倍液，或0.3％印楝素乳油1000倍液、1％苦参碱6号可溶液剂1200倍液等喷雾防治。

（13）瓜实蝇　成虫为害初期，可选用16000IU/mg苏云金杆菌可湿性粉剂800倍液，或1％印楝素乳油750倍液、2.5％鱼藤酮乳油750倍液、3％苦参碱水剂800倍液、1.2％烟碱·苦参碱乳油800～1500倍液、10000PIB/mg菜青虫颗粒体病毒+16000IU/mg苏云金可湿性粉剂600～800倍液、0.5％藜芦碱可溶液剂1000～2000倍液等喷雾防治。

（14）白粉虱　前期预防或发生初期，选用0.3％苦参碱水剂600～800倍液，或5％鱼藤酮可溶液剂（成分为5％鱼藤酮和95％食用酒精）400～600倍液、0.3％印楝素乳油1000～1300倍液、10％烟碱乳油800～1200倍液等喷雾防治，5～7d喷洒一次。虫害发生盛期可适当增加药量，3～5d喷洒一次，连续2～3次。或把蜡蚧轮枝菌稀释到每毫升含0.3亿个孢子的孢子悬浮液喷雾。

图8-23　红蜘蛛为害西瓜叶正面状

图8-24　红蜘蛛为害西瓜叶片背面

（15）瓜绢螟、瓜蓟马（图8-25、图8-26）　防治方法参见有机黄瓜章节。

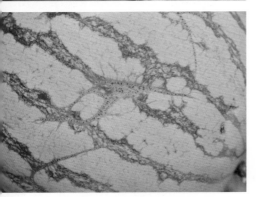

图8-25
瓜蓟马

图8-26
瓜蓟马为害西瓜皮状

九、
有机甜瓜

甜瓜栽培品种有薄皮甜瓜（图9-1）和厚皮甜瓜（图9-2）两大类。甜瓜以成熟果实供食，甘甜芳香，营养丰富，是世界性高档水果。其中以薄皮甜瓜栽培最为广泛。

图9-1　薄皮甜瓜

甜瓜栽培方式有春露地栽培（3月上中旬播种，4月上中旬定植，6月中旬始收，也可于4月上旬直播栽培，图9-3）、小棚地膜覆盖栽培（一般2月中旬育苗，3月中旬至4月初定植，5月中旬始收）、冬春大棚栽培（一般1月中下旬至2月上旬播种，2月下旬至3月上中旬定

图9-2　厚皮甜瓜

图9-3　甜瓜露地栽培

植，5月上中旬始收，图9-4）等。以早春露地栽培方式为主。

图9-4　甜瓜冬春大棚搭架栽培

1. 有机甜瓜早春露地栽培技术要领

【品种选择】选用早熟、优质、高产、抗病、耐低温、外观和内在品质佳、耐储运的品种，如伊丽莎白、状元等。

【整地】选择背风向阳、排水良好、土层深厚的沙壤土或壤土，先年深翻冻垡，开春后再耕翻耙糖，深翻土地25～30cm，并结合整地施入基肥。

【施基肥】一般中等肥力，每667m² 施干羊、鸡粪肥4500～6000kg、饼肥200～300kg、生物有机肥或腐植酸肥100～160kg、硫酸钾50～60kg；或腐熟粪肥3000～5000kg、豆粕发酵有机肥400～500kg、生物菌肥100kg。

【做畦】做高畦，一般宽1.0～1.2m，高30～40cm，沟宽40～50cm。或做小畦宽60cm，大畦宽170cm。

【铺地膜】做畦后即可覆盖地膜，选用膜厚0.012～0.016mm、幅宽0.7～2m的超薄型地膜。黑色地膜防止杂草效果好，银灰色地膜防蚜、防病毒效果好。多采用条带覆盖方式，即用0.7～1m宽的地膜覆盖瓜行带，除两侧压入土中外，露出地面的地膜宽度为50～80cm。也可采用

2m宽的地膜进行全畦面覆盖。

【直播或育苗移栽】可直播栽培，也可育苗移栽。播种时间长江流域为4月上旬。地膜覆盖直播栽培，播种期应略早于露地直播。

直播。在播种前将畦浇透水，每667m²用种量20～25g，按株行距（50～67）cm×（100～167）cm开穴，每667m² 600～1000穴，每穴播种5～6粒，播于瓜墩中央，覆土2～2.5cm厚，播后根据土壤墒情浇水，后覆盖地膜。

育苗移栽。为提早上市，可在小拱棚采用营养钵育苗（图9-5），种子浸种催芽，在80%种子芽长达0.5cm左右时即可播种，播前营养土先浇透水，待水下渗后播种，覆盖1～2cm厚过筛细土，并根据土壤墒情浇透水，后覆盖地膜保持地温。苗龄30～35d，3～5片真叶时定植，定植前7～10d通风炼苗。

晚霜过后10cm地温稳定在15℃以上时进行移栽，长江流域一般在4月下旬。先覆盖地膜。定植密度因品种而异，小果型品种，双蔓整枝，株行距为（0.2～0.3）m×1m，每667m² 2200～3300株；中果型品种，三至四蔓整枝，株行距（0.5～0.7）m×（1～1.3）m，每667m²栽700～1300株；中果型品种多蔓整枝，每667m²栽600～700株。定植时在地膜上根据株行距打孔，定植深度以钵土埋入土中约1cm为宜，定植后利用孔周围土壤将甜瓜根系固牢。

有条件的可采用基质穴盘育苗（图9-6）或漂浮育苗。

图9-5　甜瓜营养钵育苗

图9-6　甜瓜基质穴盘育苗

【第一次浇水】浇定植水。定植后3～4d浇一次缓苗水。此后，在一般情况下，如果不是特别干旱引起幼苗严重萎蔫，可以不浇水。可通过加强中耕，松土保墒，进行蹲苗。

建议从缓苗水开始，每667m²用1亿CFU/g枯草芽孢杆菌微囊粒剂500g+3亿CFU/g哈茨木霉菌可湿性粉剂500g+0.5％几丁聚糖水剂1kg浇灌植株（图9-7），后期可每月冲施1次。

【第一次追肥】基肥充足的，后期一般不用再追肥。也可在幼苗成活后，追施微生物菌肥100～200倍液，以滴管灌溉方式补充。

【整枝摘心】平地爬蔓栽培，采用双蔓整枝；吊蔓栽培时，可根据品种特点，采用单蔓整枝或双蔓整枝。

在上述整枝过程中，如发现某一子蔓没坐住瓜时，应在子蔓上留3～4片叶掐尖（图9-8），促发孙蔓，再利用1～2条健壮孙蔓结瓜，孙蔓结瓜后不再掐尖。

【人工辅助授粉】一般可通过昆虫传粉结实，但在低温、阴雨昆虫活动较少或植株徒长的情况下，可采用人工辅助授粉，上午7～10时授粉，每朵雄花可授1～2朵雌花。在阴雨天授粉时，需用塑料小帽或小纸筒防雨。

【第二次追肥】促花肥应在开花前后施用，在株旁挖穴施入，每667m²施钾矿粉40kg、过磷酸钙10kg、茶籽饼100～120kg。

【第二次浇水】果实膨大期，需浇1次膨瓜水，7～10d后可再浇1次小水。浇水应早晚浇，中午不浇。

图9-7 结合浇水施用微生物菌剂灌根提早防病　　　图9-8 甜瓜3至5叶时摘心

【第三次追肥】施用壮果肥应在瓜有鸡蛋大小时进行，每667m²施钾矿粉50kg，配合叶面喷施微生物菌肥200倍液。

【叶面追肥】定植开始，可间隔10d左右，连续喷洒沃家福海藻酸500倍液等。

在果实膨大期至成熟期，叶面喷施葡萄糖100倍溶液，间隔3～5d，连续喷3～4次，可提高甜瓜的甜度。

生长后期。结合防病叶面喷施0.3%～0.4%磷酸二氢钾液。收获前15～20d不施液肥。

【采收】一般早熟品种自开花到果实成熟为25～35d，中熟品种40d左右。采摘时要用剪刀剪断瓜蔓，并留长5cm左右的瓜蔓，采后分级包装上市。

2. 有机甜瓜主要病虫害综合防控

【农业防治】

（1）培育壮苗　选用抗病优良品种，如日本甜宝等。瓜类枯萎病有明显的寄生专化型，可以用南瓜作砧木进行嫁接栽培，这是目前防治枯萎病最实用、最有效的方法。

（2）加强管理　合理调整种植密度，科学整枝，加强肥水管理及温湿度调控。在整枝、绑蔓、摘瓜时，要先"健"后"病"，分批作业。接触过病株的手和工具，要用肥皂水洗净。

（3）科学施肥　定植前施足腐熟的有机肥作基肥，少施氮肥，增施磷钾肥。酸性土壤施用消石灰，把土壤调到中性。

防治霜霉病，可在发生前每667m²用红糖100g+磷酸二氢钾50g，兑水30kg，均匀喷施全株叶片，预防作用较好。

（4）合理浇水　及时浇定根水，然后通过控制浇水进行蹲苗，当植株充分生长，花器发育壮实，在及时整枝的同时应浇花前水，水量中等。花前水不能浇得太晚。果实膨大期是需水最多的时期，在绝大多数植株都已坐果，瓜鸡蛋大小，并经疏果、定果后进行。果实停止膨大后应控制浇水，早熟栽培不再浇水。雨季注意排水。

温室大棚栽培，要注意通风换气，控制湿度，降低温度。

（5）清洁田园　甜瓜收获后应彻底清理田园，病残体不要堆放在棚边，要集中焚烧。生长期及时除草，摘除病叶，并将杂草、残留物、病叶等带到田外集中烧毁。

（6）种子处理　选用抗病品种，播种前进行种子消毒，将种子用10％的磷酸三钠溶液浸种20min，然后用清水洗净后再播种。或将干燥的种子置于70℃恒温箱内干热处理72h。

（7）石灰氮消毒　对种植3年以上塑料大棚或温室中的根结线虫和土传病害，用50％石灰氮在夏季大棚休闲时进行高温闷棚。用石灰氮+麦秸秆或稻草或玉米秸秆，施入量每平方米施秸秆1kg+50％石灰氮0.1kg，与土壤充分混匀，用旋耕机耕2遍后起垄，宽60cm、高40cm，并覆盖地膜，沟内灌水，将大棚密闭越严越好，白天地温可上升到60℃，持续20～30d就可杀灭土中的根结线虫。

【药剂防治】

（1）甜瓜白粉病（图9-9）发病初期选用1000亿个/g枯草芽孢杆菌可湿性粉剂1000～1500倍液，或0.5％大黄素甲醚水剂600～1000倍液、1％蛇床子素水剂800倍液等喷雾防治，用药间隔期4～5d，连喷2～3次。也可在发病前用诱导抗病剂进行防治，如用0.5％几丁聚糖水剂300～500倍液，用药间隔期5～7d，连喷2～3次。

图9-9　甜瓜白粉病病叶

用硫黄粉0.5kg、骨胶0.25kg、水100kg，先把骨胶用热水煮化（煮胶容器最好放在热水中），再加入硫黄粉调成糊状，然后再加足量水稀释，搅匀后喷雾。或用50％硫黄胶悬剂200～400倍液喷雾，每隔10d左右喷洒1次，一般轻者用药2次，发病重者用药3次。或每667m²用80％硫黄干悬浮剂或80％硫黄水分散粒剂200～230g兑水60～75L喷雾，间隔7～10d喷雾1次，共喷3次。

（2）甜瓜病毒病（图9-10、图9-11）　发病初期，选用0.5%菇类蛋白多糖水剂300倍液等喷雾防治。

图9-10　甜瓜病毒病病叶　　　　　图9-11　甜瓜病毒病病瓜

（3）甜瓜枯萎病（图9-12～图9-14）　每667m²用1.5亿活孢子/g木霉菌可湿性粉剂200～300g，兑水30kg喷雾。或用1%申嗪霉素悬浮剂700倍液灌根。

（4）甜瓜软腐病　定植时药剂灌根。用80%乙蒜素乳油900倍液灌根。方法是把苗放入定植穴中，先喷淋兑好的药液，再封埋穴土，0.5kg药水可喷5株瓜苗。缓苗后至生长期，每株灌0.1～0.15kg兑好的药液，隔7～10d一次，连续喷淋2～3次。

（5）甜瓜霜霉病　发病初期，可选用77%氢氧化铜可湿性粉剂1000～1500倍液喷雾，每7d一次，连续防治2～3次。

（6）甜瓜炭疽病　在发病初期，每667m²用1.5亿活孢子/g木霉菌可湿性粉剂200～300g，兑水50～60kg，均匀喷雾，每隔5～7d喷一次，连续防治2～3次。

每667m²用10亿CFU/g多黏类芽孢杆菌可湿性粉剂100～200g，兑水50kg喷雾。

（7）甜瓜疫病（图9-15）　发病前喷洒1∶0.5∶200倍式波尔多液保护。发病初期喷洒或浇灌27.12%碱式硫酸铜悬浮剂、77%氢氧化铜可湿性粉剂700倍液等。

图9-12
甜瓜枯萎病田间发病症
状叶片枯萎

图9-13
甜瓜枯萎病茎蔓开裂溢
出树脂胶质物

图9-14
甜瓜枯萎病藤茎白色至
粉色霉斑

图9-15　甜瓜疫病病瓜

（8）甜瓜蔓枯病（图9-16～图9-18）　定植时，用2.1％丁子·香芹酚水剂600倍液灌根。发病初期，可用2.1％丁子·香芹酚水剂100倍液，再加少量面粉拌成稀糊状用毛笔或小刷子涂在病部。

（9）甜瓜灰霉病　初见病变或连阴2～3d后提倡喷洒100万孢子/g寡雄腐霉菌可湿性粉剂1000～1500倍液，10d左右1次，连续防治2～3次。

图9-16　甜瓜蔓枯病茎基部水烫状后收缩状

图9-17　甜瓜蔓枯病病叶叶缘半圆或"V"形病斑隐现轮纹

图9-18　甜瓜蔓枯病叶柄发病

（10）甜瓜细菌性果斑病（图9-19、图9-20）　发病前或发病初期，及早浇灌80％乙蒜素乳油900倍液，隔10d 1次，连续防治2～3次。

（11）甜瓜细菌性角斑病（图9-21、图9-22）　发病初期，喷施氨基酸螯合铜制剂500倍液，每7～10d使用一次，连续防治2～3次。

图9-19　薄皮甜瓜细菌性果斑病病瓜

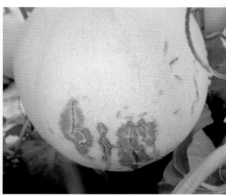

图9-20　厚皮甜瓜细菌性果斑病病瓜外表

图9-21　甜瓜细菌性角斑病病叶初为油浸状小斑

图9-22　甜瓜细菌性角斑病病叶背面的菌脓

　　（12）甜瓜根结线虫病（图9-23）　提倡用辣根素水剂，每667m² 用 4～6L，通过灌水、滴水使土壤深层密闭12～24h。定植前，每667m² 用 5%淡紫拟青霉粉剂1.5～2kg，拌细干土50kg进行撒施、沟施或穴施。

　　移栽期，每667m² 用2.5亿孢子/g厚孢轮枝菌微粒剂1～1.5kg与农家肥混匀施入穴中；定植期或追肥期，每667m² 用2.5亿孢子/g厚孢轮枝菌微粒剂1.5～2kg与少量腐熟农家肥混匀施于作物根部，也可拌土单独施于作物根部。

（13）瓜蚜　可选用3％除虫菊素乳油800～1200倍液，或10％烟碱乳油500～1000倍液、2.5％鱼藤酮乳油400～500倍液、0.65％茴蒿素水剂300～400倍液等喷雾防治。

（14）瓜绢螟（图9-24～图9-26）　防治方法参见有机黄瓜。

（15）白粉虱　前期预防用0.3％苦参碱水剂600～800倍液喷雾；害虫初发期用0.3％苦参碱水剂400～600倍液喷雾，5～7d喷洒一次。虫害发生盛期可适当增加药量，3～5d喷洒一次，连续2～3次，喷药时应叶背、叶面均匀喷雾，尤其是叶背。

（16）瓜实蝇（图9-27～图9-29）　防治方法参见有机黄瓜。

图9-23　甜瓜根结线虫病

图9-24　瓜绢螟为害甜瓜田间表现

图9-25　瓜绢螟幼虫为害甜瓜叶片背面

图9-26　瓜绢螟幼虫为害甜瓜果实状

图 9-27
瓜实蝇幼虫为害甜瓜幼
果上现多个产卵孔

图 9-28
瓜实蝇幼虫为害甜瓜果
实后期表现

图 9-29
瓜实蝇幼虫为害甜瓜后
瓜瓤腐烂发臭并生蛆虫

（17）红蜘蛛（图9-30、图9-31）　可选用0.5%藜芦碱醇溶液800倍液，或0.3%印楝素乳油1000倍液、1%苦参碱6号可溶液剂1200倍液等喷雾防治。

（18）黄守瓜（图9-32、图9-33）　防治方法参见有机黄瓜。

图9-30　红蜘蛛为害甜瓜叶片正面致叶片出现黄斑

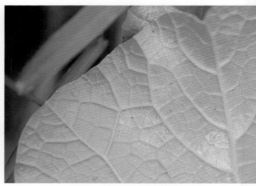

图9-31　甜瓜叶片背面的红蜘蛛及为害状

图9-32　黄守瓜成虫为害甜瓜叶片状

图9-33　黄守瓜成虫咬食甜瓜果实成圆形疤痕

十、有机豇豆

豇豆（图10-1），主要栽培方式有早春大棚栽培（图10-2，2月中旬至3月中旬直播或育苗移栽）、春露地栽培（图10-3，3月中旬至4月直播）、夏秋露地栽培（图10-4，5月中旬至6月中旬直播）、秋延后大棚栽培（7月中旬至8月上旬直播或育苗移栽）等。以春露地栽培方式为主。

图10-1　豇豆

图10-2　豇豆早春大棚栽培

图 10-3　春豇豆露地直播栽培　　　　　图 10-4　夏秋豇豆露地栽培

1. 有机豇豆春露地栽培技术要领

【选择品种】选用耐寒性较强，对日照要求不严格，早熟、优质、丰产，分枝性能弱，适于密植的蔓生品种。如之豇28-2、湘豇1号、湘豇2号等。

【整土施肥】冬前土壤深翻晒垡，春季结合施底肥进行浅耕。基肥每667m² 施腐熟有机肥2000kg（或腐熟菜籽饼肥200kg）、磷矿粉40kg、钾矿粉20kg；或商品有机肥500kg，花生麸250kg，矿物硫酸钾镁肥30kg。土壤耕深20 ～ 30cm，整平、耙细、开沟、做畦。

【做畦】北方采用平畦，畦宽约1.3m。南方为高畦，畦宽（连沟）1.2 ～ 1.3m，沟深25 ～ 30cm。畦面整成龟背形。

【选择播期】露地豇豆播种宜在当地断霜前7 ～ 10d和地下10cm处地温稳定在10 ～ 12℃时进行，华北地区在4月中下旬，淮北地区在4月上中旬，江南地区可在3月下旬至4月初。

注意：过早播种常因地温低、湿度大而烂种，或因出苗后受到晚霜危害而造成缺苗或冻死；过晚播种则植株生育期推迟而影响早熟丰产。

【种子处理】播种前精选种子，并晒种1 ～ 2d。一般采用干籽直播，也可用25～32℃温水浸种10～12h，当大多数种子吸水膨胀后，捞出晾干表皮水分播种。

【直播】每畦播两行，行距50～65cm，穴距20～25cm，每穴播种4～5粒，覆土2～3cm。每667m² 用种量2～2.5kg。

【浇缓苗水】直播苗出齐后或定植缓苗后，可视土壤墒情浇1次水（图10-5）。

建议：从缓苗水开始，每667m² 用1亿CFU/g枯草芽孢杆菌微囊粒剂（太抗枯芽春）500g+3亿CFU/g哈茨木霉菌可湿性粉剂500g+0.5%几丁聚糖水剂1kg浇灌植株，后期可每月冲施1次。

【蹲苗】浇缓苗水后要严格控水控肥，以中耕保墒蹲苗为主。

【查苗补苗】当直播苗第1对基生真叶出现后或定植缓苗后，应到田间逐畦查苗补棵，间去多余的苗子，一般每穴留3株健苗。

图10-5　直播豇豆苗出齐后视土壤墒情浇1次水

图10-6　豇豆中耕除草

【中耕松土】直播苗出齐或定植缓苗后，宜每隔7～10d中耕松土一次，蹲苗促根（图10-6）。甩蔓后停止中耕。最后一次中耕时注意向根际培土。

若采用地膜覆盖，无需中耕松土。

【结合浇水施壮苗肥】团棵后、插架前浇一水，结合浇水可在行间沟施有机肥。

【插架】植株甩蔓后插支架，按每穴一竹竿，搭成"人"字形搭架（图10-7），架高2m以上。

图10-7 "人"字形搭架

图10-8 豇豆落花现象

【引蔓】植株蔓长30cm以上时，及时引蔓上架。

【初花期控水】初花期不浇水，防止落花（图10-8）。

【看天防旱】植株现蕾时，若天旱可再浇一次小水。

【抹底芽】主蔓第1花序以下的侧芽长至3cm左右时及时抹去。

【采腰杈】主蔓第1花序以上各节位的侧枝在早期留2～3叶摘心。

【浇坐荚水】当第1花序坐住荚，第1花序以后几节的花序显现时，浇1次大水。

【结合浇水追结荚肥】开花结荚期后，浇水时结合追肥，在每次采收后均需追肥，一般每667m²追施生物有机肥25～30kg，采用水肥一体化的可用硫酸钾镁肥15kg，兑水溶解，随灌溉系统施入。1次清水、1次肥水交替施用。

此期间，可结合防病治虫叶面喷施海藻肥和海藻高钾叶面肥，可提高品质和增加花蕾。

【闷群尖】植株生育中后期主蔓中上部长出的侧枝，见到花芽后即闷尖（摘心）（图10-9）。

【浇保荚水】中下部的豆荚伸长、中上部的花序出现时，再浇

1次大水。以后一般每隔5～7d浇1次水，经常保持土壤见干见湿。

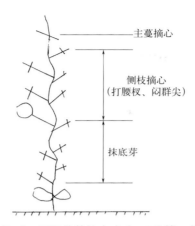

图10-9　豇豆的整枝方式（—○为第一花序）

【进入采收】春季豇豆播种后60～70d即可开始采收嫩荚（图10-10）。开花后10～12d豆荚可达商品成熟，此时荚果饱满、组织脆实、不发白变软，种粒处刚刚显露而微鼓。

图10-10　适时采收豆荚

采收要特别仔细，不要损伤花序上的其他花蕾，更不能连花序一起摘下。一般每3～5d采收1次，在结荚高峰期可隔1d采收1次。

加工用豇豆，采收后避免堆压，及时捆绑成束，运至加工企业进行加工（图10-11）。

【主蔓摘心】主蔓长15～20节，达2～2.3m高时摘心。

【追翻花肥】为防止豇豆缺肥出现鼠粒尾巴现象（图10-12），第1次产量高峰过后，应加强肥水管理，每隔15d左右追施1次粪水2000kg，或铺施生物有机肥15～20kg。

图10-11　无尘洁净太阳能晒制豇豆

图10-12　豇豆鼠粒尾巴豆荚

鼠粒尾巴是指由于后期不追肥导致的豆荚短小，且易鼓粒，商品性不佳

【排水防涝】7月份以后，雨量增加，应注意排出田间积水，延长结荚期，防止后期落花落荚。

2. 有机豇豆主要病虫害综合防控

【农业防治】建立无病留种田，选用抗病的豇豆品种；与非豆类作物如白菜类、葱蒜类等实行2年以上轮作。加强田间管理，适时浇水施肥，排出田间积水，及时中耕除草。

种子处理。种子采取温水浸种的方法，进行种子筛选和消毒处理。将种子放入45～50℃的温水中浸泡10～15min，并不时搅拌，降至适温，用清水冲洗干净后滤去水分，进行播种。

大棚栽培要降低棚内湿度，提高棚内夜间温度，增加白天通风时间。

发现病株或病荚后及时清除，带出田外深埋或烧毁。收获后及时清洁田园，清除残体病株及杂草。

对下部、中部叶子及时喷磷酸二氢钾150g+糖（红糖或白糖）500g+水50kg，早上喷，喷在叶片背面，隔5d喷1次，连喷4～5次，有益于增强豇豆植株的抗逆、抗病性。

【物理防治】

（1）诱杀　在蚜虫、美洲斑潜蝇、豌豆潜叶蝇、白粉虱成虫发生期，用黄板诱杀成虫。利用银灰膜驱避蚜虫，也可张挂银灰膜条避蚜。

蓝板诱杀蓟马。用蓝板+性诱剂产品诱杀（图10-13），蓝板离叶面10～15cm，每667m² 15～20片。

糖醋诱杀。利用小地老虎、甜菜夜蛾、斜纹夜蛾、豆野螟成虫的趋化性，可自制糖醋液，春季利用糖醋液诱杀越冬代成虫，按糖6份、醋3份、白酒1份、水10份、90%敌百虫1份调匀，或用泡菜水加适量农药，在成虫发生期设置，将诱液放于盆内。傍晚时放到田间，位置距离地面1m高，次日上午收回。对其雌、雄成虫均有一定的防治效果。

（2）人工挑治　在小老虎发生期，可于清晨扒开缺苗附近的表土，可捉到潜伏的高龄幼虫，连续几天效果良好。还可将泡桐叶或莴苣叶置于田内诱集幼虫，清晨捕捉。采用人工摘除甜菜夜蛾和斜纹夜蛾卵块或捕捉幼虫等措施。

（3）高温灭病菌虫卵　不能轮作的重病地，可在夏季高温期间，待前茬拉秧后，每667m²施石灰100kg，加碎稻草500kg，均匀施在地表上。深翻土壤40～50cm，起高垄30cm，垄沟里灌水，要求沟里处理期间始终

图10-13　蓟马性信息素诱蓝板+性诱剂诱杀豇豆田蓟马（陈梅芳）

装满水，覆盖地膜，四周用土压紧，处理10～15d，可杀灭前茬或土传病菌虫卵等。

【药剂防治】

（1）防治豇豆立枯病　使用1.5亿活孢子/g木霉素可湿性粉剂拌种，通过拌种将药剂带入土中，一般用药量为种子量的5%～10%，先将种子喷适量水或黏着剂搅拌均匀，然后倒入干药粉，均匀搅拌，使种子表面都附着药粉，然后播种。

（2）防治豇豆枯萎病（图10-14～图10-17）、根腐病　用80亿/mL地衣芽孢杆菌水剂500～750倍液，兑水灌根，每穴灌药液300mL。从豇豆5～7叶期开始，用高锰酸钾800～1000倍液喷雾，每5～7d一次，连续3～4次。

从豇豆5～7叶期开始，用高锰酸钾800～1000倍液喷雾，每5～7d一次，连续3～4次。用80亿/mL地衣芽孢杆菌水剂500～750倍液，喷淋或浇灌，最好是在出苗后7～10d或定植缓苗后开始灌第一次药（不管田中是否发病均需灌药）。每667m² 60～65L，或每株灌兑好的药液200～250mL，隔10d左右一次，连续防治2～3次。

豇豆播种前5～7d用竹醋液床土调酸剂130倍液处理土壤，生长期每隔10d叶面喷施400倍有机液肥，能有效增强长势，并对豇豆根腐病有抑制作用。

图10-14　豇豆枯萎病发病初期叶片萎蔫

图10-15　豇豆枯萎病中后期叶片发黄

图10-16　豇豆枯萎病整株表现为
叶片黄化萎蔫最后枯死

图10-17　豇豆枯萎病病株茎基和根
部之维管束组织变褐

图10-18　豇豆白粉病发病初期病
叶上微显白色粉斑

（3）防治豇豆白粉病（图10-18、图10-19）　发病前或病害刚发生时，可喷27％高脂膜乳剂100倍液，隔6d喷一次，连喷3～4次。

发病初期，选用0.4％蛇床子素可溶粉剂600～800倍液，或30％石硫合剂150倍液等喷雾1～2次，间隔7～10d 1次。

图10-19　豇豆白粉病后期叶片上的病斑
　　　　变成褐色圆形斑

图10-20　豇豆花叶病毒病病株

　　（4）防治豇豆病毒病（图10-20）　发病初期，可选用磷酸二氢钾
250～300倍液、高锰酸钾1000倍液进行预防，或选用0.5%菇类蛋白多
糖水剂300倍液喷雾防治，隔7～10d喷一次，连喷3～4次。并注意浇
水，可减轻损失。

　　苗期育苗，苗床上喷植物病毒疫苗500～600倍液，喷雾2次，间隔
5d一次，定植后喷植物病毒疫苗500～600倍液2次，间隔5～7d一次。
连喷3～5次，发病严重的地块，应缩短使用间隔期。

　　（5）防治豇豆炭疽病（图10-21～图10-24）　可选用波尔多液1:1:200、
0.5%蒜汁液、铜皂水液1:4:（400～600）倍液防治。还可用孢子浓度为1

图10-21　豇豆炭疽病苗期茎基部现黑色小粒点

图10-22　豇豆炭疽病叶片

图10-23　豇豆炭疽病茎蔓紫红色条斑　　　　图10-24　豇豆炭疽病分生孢子盘及刚
　　　　　　　　　　　　　　　　　　　　　　　　　　　毛分布状100倍显微图

亿个/mL的绿色木霉孢子悬浮液进行土壤或种子处理。

　　（6）防治豇豆细菌性疫病、细菌性叶斑病　发病前或发病初期，可选用77%氢氧化铜可湿性微粒粉剂500倍液，或14%络氨铜水剂300倍液、86.2%氧化亚铜可湿性粉剂2000～2500倍液、50%琥胶肥酸铜可湿性粉剂500倍液等喷雾防治。隔7～10d一次，连续2～3次。

　　（7）防治豇豆煤霉病（图10-25～图10-28）　用1∶1∶200倍液波尔多液喷雾。发病初期，用浓度为0.2%～0.5%的碳酸氢钠溶液喷雾1次即可，效果不显著时，可隔日再喷1次。也可喷施氨基酸螯合铜制剂500倍液，每7～10d使用一次，连续防治2～3次。

图10-25　豇豆煤霉病叶片正面病斑　　　　图10-26　豇豆煤霉病叶背面密集黑色的
　　　　　　　　　　　　　　　　　　　　　　　　　　　霉层

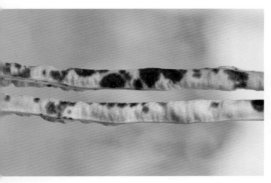

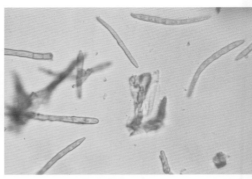

图10-27　豇豆煤霉病在荚上的表现

图10-28　豇豆煤霉病原分生孢子400
倍显微图

　　（8）防治豇豆轮纹病（图10-29～图10-32）　用77％氢氧化铜可湿性粉剂400～500倍液喷雾。

　　（9）防治豇豆灰霉病（图10-33、图10-34）　初见病变或连阴雨天后，提倡喷洒100万孢子/g寡雄腐霉菌可湿性粉剂1000～1500倍液，或2.1％丁子·香芹酚水剂600倍液喷雾防治。

　　（10）防治豇豆锈病（图10-35、图10-36）　病害刚发生时，可选用1∶1∶200波尔多液、45％硫黄悬浮剂400倍液、0.5％蒜汁液、铜皂水1∶4∶（400～600）倍液防治。还可用孢子浓度为1亿个孢子/mL绿色木霉悬浮液进行土壤或种子处理。隔5d喷一次，连喷3～4次。

图10-29　豇豆轮纹病典型病叶上
的轮纹斑

图10-30　豇豆轮纹病病叶后期病斑连
片致枯死

图10-31　豇豆轮纹病病荚上的病斑赤褐
色有轮纹

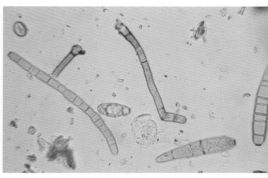

图10-32　豇豆轮纹病原分生孢子梗和
分生孢子400倍显微图

图10-33　豇豆灰霉病茎蔓发病状

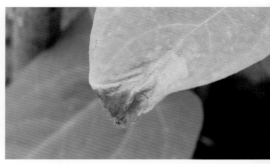

图10-34　豇豆灰霉病叶片发病状

图10-35　豇豆锈病初期发病病叶
正面病斑黄绿色圆形微凹

图10-36　豇豆锈病后期叶片上的病斑
表现

十、有机豇豆　　155

发病初期，喷施碳酸氢钠水溶液500倍液，每3d使用一次，连续5～6次。喷施氨基酸螯合铜制剂500倍液，每7～10d使用一次，连续防治2～3次。

（11）防治豇豆红斑病（图10-37）、豇豆角斑病　用30％碱式硫酸铜悬浮剂400倍液，或1∶0.5∶200倍波尔多液喷雾。

在豇豆上应用竹醋液，可预防豇豆根腐病、枯萎病，克服豇豆连作障碍效果显著。豇豆播种前5～7d用竹醋液床土调酸剂130倍液处理土壤，生长期每隔10d叶面喷施400倍有机液肥，能较有效地增强豇豆长势，并对豇豆根腐病有抑制作用，其产量与轮作相当。

（12）防治豆蚜（图10-38、图10-39）、豆突眼长蝽（图10-40）　可选

图10-37　豇豆红斑病叶片上的典型病斑

图10-38　豆蚜为害豇豆

图10-39　豆蚜为害豇豆苗期植株

图10-40　豆突眼长蝽成虫交尾状

用0.3%印楝素乳油1000～1300倍液，或5%除虫菊素乳油2000～2500倍液、3%除虫菊素乳油800～1200倍液、1%血根碱可湿性粉剂1000～1500倍液、1.5%除虫菊酯水乳剂400倍液+99%矿物油200倍液喷雾，每隔5d一次，连续3次。

图10-41　白粉虱在豇豆叶背上为害

（13）防治白粉虱（图10-41）　用0.3%印楝素乳油1000～1300倍液，或10%烟碱乳油800～1200倍液、5%鱼藤酮可溶液剂（成分为5%鱼藤酮和95%食用酒精）400～600倍液喷雾。

前期预防用0.3%苦参碱水剂600～800倍液喷雾；害虫初发期用0.3%苦参碱水剂400～600倍液喷雾，5～7d喷洒一次。虫害发生盛期可适当增加药量，3～5d喷洒一次，连续2～3次，喷药时应叶背、叶面均匀喷雾，尤其是叶背。

（14）防治豆荚螟（图10-42～图10-44）、豆卷叶野螟（图10-45）　可用白僵菌喷雾或喷粉。将菌粉掺入一定比例的白陶土，粉碎稀释成20亿孢子/g白僵菌的粉剂喷粉。也可用70亿个活孢子/g白僵菌粉剂750倍液，或16000IU/mg苏云金杆菌悬浮剂500倍液、0.3%印楝素乳油800～1000倍液、2.5%鱼藤酮乳油750倍液、2%苦参碱水剂2500～3000倍液、0.5%

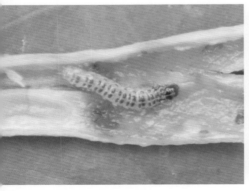

图10-42　豆荚螟为害豇豆荚

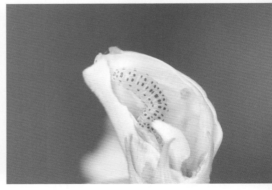

图10-43　豆荚螟为害花朵

图 10-44　豆荚螟成虫

图 10-45　豆卷叶野螟为害豇豆叶片

藜芦碱醇溶液 800 ~ 1000 倍液、0.65 % 茴蒿素水剂 400 ~ 500 倍液等喷雾防治，每隔 7d 喷一次，连续 3 次，喷药时一定要均匀喷到植株的花蕾、花荚、叶背、叶面和茎秆上，喷药量以叶片有滴液为度。

　　（15）防治朱砂叶螨（图 10-46）　可选用 0.3 % 印楝素乳油 1000 ~ 1300 倍液，或 5 % 除虫菊素乳油 2000 ~ 2500 倍液、10 % 浏阳霉素乳油 1000 ~ 1500 倍液等喷雾防治。

　　（16）防治豆蓟马（图 10-47、图 10-48）　可选用 0.3 % 印楝素乳油 800 倍液，或 0.36 % 苦参碱水剂 400 倍液、2.5 % 鱼藤酮乳油 500 倍液、1.5 % 除虫菊素水乳剂 400 倍液等喷雾，每隔 7 ~ 10d 喷一次，连续 3 次。

图 10-46　朱砂叶螨为害豇豆叶片
　　　　　背面成砂点

图 10-47　豇豆花朵里的蓟马成虫

（17）防治斜纹夜蛾（图10-49～图10-51）、甜菜夜蛾（图10-52～图10-54）　在年度发生始盛期，掌握在卵孵高峰期使用300亿PIB/g斜纹夜蛾核型多角体病毒水分散粒剂10000倍液，每667m²用8～10g，每发生代每次用药1次。喷药要避开强光，最好在傍晚喷施，防止紫外线杀伤病毒活性。

图10-48　蓟马为害豇豆荚状

图10-49　斜纹夜蛾为害秋豇豆叶片

图10-50　斜纹夜蛾低龄幼虫为害秋豇豆叶片

图10-51　斜纹夜蛾为害豇豆花

图10-52　豇豆花里的甜菜夜蛾幼虫

图 10-53　豇豆叶背甜菜夜蛾低龄
　　　　　幼虫群集

图 10-54　豇豆上甜菜夜蛾卵块

　　还可选用 0.6% 印楝素乳油 100 ～ 200mL/667m^2、400 亿个孢子/g 白僵菌 25 ～ 30g/667m^2、100 亿个孢子/mL 短稳杆菌悬浮剂 800 ～ 1000 倍液等喷雾防治，10 ～ 14d 喷一次，共喷 2 ～ 3 次。

　　(18) 防治斑潜蝇（图 10-55、图 10-56）　可选用 0.5% 苦参碱水剂 667 倍液，或 1% 苦皮藤素水乳剂 850 倍液、0.7% 印楝素乳油 1000 倍液等喷雾处理。在幼龄期喷施 1.5% 除虫菊素水乳剂 600 倍液，连续 2 ～ 3 次。

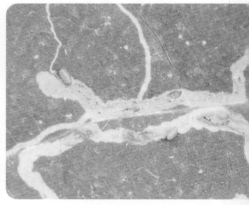

图 10-55　斑潜蝇为害豇豆叶片

图 10-56　美洲斑潜蝇蛹

　　(19) 防治小地老虎（图 10-57）　于低龄幼虫盛发期，可用 1000 万 PIB/mL 苜核·苏云菌悬浮剂 500 ～ 750 倍液对蔬菜进行灌根。

图 10-57
小地老虎幼虫咬断豇豆幼
苗茎秆

十一、
有机大白菜

大白菜（图 11-1）是全国广为种植的大宗蔬菜，在长江流域的主要栽培方式有：春大白菜大棚栽培（图 11-2，在早春或春末播种育苗，4 ～ 6月上市）、春露地栽培（2月中旬至 3月下旬直播或育苗，5 ～ 6月采收）、夏遮阴栽培（图 11-3，6月至 8月中旬直播或育

图 11-1　大白菜

图 11-2　春大白菜大棚栽培

苗，8～10月采收）、早秋栽培（介于夏大白菜和秋大白菜之间播种，国庆节前后上市）、秋露地栽培（图11-4，8月直播或育苗，10～11月采收）。以秋季露地栽培方式为主。

图11-3 夏大白菜遮阴栽培　　　　　　图11-4 秋大白菜露地栽培

1. 有机大白菜秋露地栽培技术要领

有机大白菜以秋大白菜露地栽培为主，这也是我国传统的栽培方式。

【选择品种】应选用优质抗病、丰产、耐逆、适应性强、商品性好的中晚熟品种，如改良青杂3号、丰抗80、鲁白六号等。

【选择播期】一般播种期以8月中旬左右为宜，早熟品种可适当早播。

【制作苗床】可用苗床或营养钵育苗，每667m²栽大白菜需苗畦25～30m²，一般畦宽1.5m，长15～20m。畦内撒腐熟有机肥100～150kg，耕翻耙平，肥土混匀，留出盖籽土，然后畦内浇水，水渗下后即可播种。

【播种】可撒播，也可点播，两种方式每667m²大田均需备种100g左右，育苗移栽每667m²大田需播种20～50g（播于25～30m²的育苗畦上），播后盖土1cm厚。

【苗期管理】及时间苗，一般分3次进行。高温天气通过浇水遮阴等措施降温（图11-5），播种出苗后，每隔2～3d浇一次水，保持地面湿润。要适当掌握苗龄，不宜过大，一般早熟品种苗龄18～20d，中晚熟品种苗龄以20～25d为宜。

有条件的，可采用穴盘育苗（图11-6）。

图 11-5　秋大白菜大棚育苗　　　　　　　　图 11-6　大白菜穴盘育苗

　　【直播】除了育苗移栽外，秋大白菜为防止移栽导致伤口引发软腐病宜进行多行直播。一般在高畦或高垄上按一定的株距穴播或条播。大型品种，行距 70～80cm，株距 60～70cm；中型品种，行距 60～70cm，株距 50～60cm；小型品种，行距 50～60cm，株距 40～50cm；极早熟品种，行距 40～50cm，株距 33～35cm。

　　直播的大白菜要进行 2～3 次间苗。每次间苗后都要浇水或施以腐熟稀粪水（或沼液），并加强苗期的肥水管理和病虫害防治。

　　【整地施肥】选用前茬为非十字花科蔬菜，地势平坦、排灌良好、疏松、肥沃的壤土或轻黏土，前茬作物腾茬后，立即清除田间病残组织及杂草，清洁田园，并每 667m² 施入生石灰 100～150kg 消毒。种植前深翻土地，每 667m² 施腐熟农家肥 4000～5000kg、生物有机肥 150kg（或腐熟大豆饼肥 150kg，或腐熟花生饼肥 150kg），磷矿粉 40kg，钾矿粉 20kg。对缺硼的土壤，为防止大白菜出现缺硼现象（图 11-7），应在施基肥时加施硼砂或硼酸 0.5～1kg。

　　【做畦】撒均匀后深翻 20～25cm，犁透、耙细、耙平，一般做小高垄，垄底宽 40cm，垄高 15～20cm。

　　【定植】选下午 4 时后定植（图 11-8）。选择阴天或晴天的傍晚定植，秧苗要随起随栽，移栽后要立即浇定根水，并连浇水 3d，早晚各一次，活棵后转入正常管理。

图 11-7　大白菜缺硼现象　　　　　　　　图 11-8　合理密植

（1）花心品种　株行距（40 ～ 45）cm×（50 ～ 60）cm，每667m² 约2500株。

（2）直筒型（图11-9）及小型卵圆　株行距（45 ～ 55）cm×（55 ～ 60）cm，每667m² 2200 ～ 2300株。

（3）大型卵圆（图11-10）和平头型品种　株行距（60 ～ 70）cm×（65 ～ 80）cm，每667m² 1300株左右。

【第一次中耕】第二次间苗后开始中耕，浅锄2 ～ 3cm。

【结合浇水追施提苗肥】幼苗期需多次浇水降温，小水勤浇，保持地

图 11-9　直筒型青帮大白菜　　　　　　图 11-10　卵圆型大白菜

面见干见湿，防止大水漫灌。

可结合间苗或中耕，每667m²追施稀薄腐熟沼液或腐熟人粪尿200kg，加10倍水浇施于幼苗根部附近。

【第二次中耕】于定苗后进行，深锄5～6cm，将松土培于垄帮，以加宽垄台有利于保墒。

【结合浇水追施莲座肥】莲座期（图11-11）要充分浇水，但又要注意防止莲座叶徒长而延迟结球，土壤以"见干见湿"为宜。

追施"发棵肥"，可沿植株开8～10cm深的小沟施肥，每667m²施腐熟沼液或人粪尿700～1000kg，或1∶20的发酵豆粕水溶液500kg+天然矿物硫酸钾10kg，沟施或穴施。此外，还可叶面追施沼气液100～200倍液或木醋液200～300倍液。

【第三次中耕】在莲座期后封垄前，浅锄3cm，把培在垄台上的土锄下来。封垄后不再中耕。

【叶面施肥】可用1%的磷酸二氢钾进行叶面追肥，于莲座期和结球期共喷3～4次，可增产。为防止大白菜缺钙引起的干烧心生理病害（图11-12），从大白菜莲座期开始每7～10d应叶面喷施0.7%的氯化钙溶液，连续喷施3～5次。

【结合浇水追施包心肥】结球前中期，需水最多，每次追肥后要接着浇一次透水，以后每隔5～7d浇水一次，保持土壤见湿不见干。

图11-11　大白菜莲座期

图11-12　大白菜缺钙现象

注意： 浇水还应结合气象因素，连续干旱应增加浇水次数，遇大雨应及时排水。高温时期选择早晨或傍晚浇水，低温季节应于中午前后浇水。

浇水一般结合追肥进行。结球后期需水少，收获前5～7d停止浇水。

每667m²施用腐熟沼渣或干人粪1000～1200kg（或用粉碎后腐熟的饼肥100～150kg），混施生物有机肥50kg，离根部15～20cm开10cm深的沟施下，并与土壤掺匀后覆土；或EM有机肥1000～1500kg；也可每667m²追施1∶20的发酵豆粕水溶液800kg+天然矿物硫酸钾15～20kg，沟施或穴施，或与滴灌配合使用。

此外，还可结合叶面喷施沼液和木醋液，每周一次，连续3～4次。

【采收】大白菜早熟品种采收标准不严格，只要叶球成熟或叶球虽未包紧但已具商品价值时就可随市场需要分批采收上市。中晚熟品种，当叶球充分长大、手压顶部有紧实感时便可采收。应配置专门的整理、分级、包装等采后商品化处理场地及必要的设施，长途运输要有预冷处理设施。有条件的地区建立冷链系统，实行商品化处理、运输、销售全程冷藏保鲜。

2.有机大白菜主要病虫害综合防控

【农业防治】

（1）合理轮作　与非十字花科蔬菜实行3年以上轮作，前茬最好是葱蒜类、豆类、瓜类或茄果类作物，有条件的最好实行水旱轮作。对于大白菜根肿病等发病严重的地块，建议实行5～6年轮作。在规定轮作的年限内不种大白菜等十字花科蔬菜。春、夏季可种植茄果类、瓜类及豆类等蔬菜，秋、冬季可改种菠菜、莴苣及葱蒜类蔬菜，甚至需要与水稻、小麦等粮食作物进行轮作。

此外，在栽培大白菜时，周围大田尽量不种其他十字花科作物，避免病虫害传染。

（2）培育壮苗　选用抗病品种。各地区因地制宜地选用优质、抗病、抗逆性强、商品性好并与栽培季节和栽培方式相适宜的品种。

减少育苗床的病原菌数量。忌利用老苗床的土壤和多年种植十字花科蔬菜的土壤作育苗土。利用3年以上未种过十字花科蔬菜的肥沃土壤作育苗土。

适期播种。根据害虫的发生发展规律，调节播种期，躲开害虫的为害盛期。秋大白菜应适期晚播，一般于立秋后5～7d播种，以避开高温，减少蚜虫及病毒病为害。春大白菜适当早播，阳畦育苗可提前20～30d播种，减轻病虫害。

苗床施用的农家肥应充分腐熟发酵。苗床注意通风透光，不用低湿地作苗床。及时间苗定苗。

（3）棚、室消毒　在播种或定植前10～15d把架材、农具等放入棚室密闭，每667m²用硫黄粉1～1.5kg、锯末屑3kg，分5～6处放在铁片上点燃，杀灭棚内病原菌。

（4）起垄栽培　夏、秋大白菜提倡起垄栽培，以利于排水，可减轻软腐病和霜霉病等病害的发生。

（5）覆盖无滴膜　棚、室内由于内外温度差异，棚膜结露是不可避免的，普通塑料薄膜表面结露分布均匀面广，因而滴水面大，增加空气湿度严重。采用无滴膜后，表面虽然也结露，但水珠沿膜面流下，滴水面小，增加空气湿度不严重。

（6）改良土壤酸碱度　每667m²施生石灰75～100kg，将土壤pH值调至微碱性。施用方法：可在定植前7～10d将石灰均匀撒施土面后做畦，也可定植时穴施。一般在移苗时，每穴约施消石灰50g，对大白菜根肿病等病害的防病效果好，也可在移栽时用15%的石灰乳浇施。病害发生后，可用2%石灰水充分淋施畦面，以后隔7d再淋一次，可减轻根肿病的为害。

（7）合理施肥　施足基肥、适时追肥，施用充分腐熟的农家肥。增施磷、钾肥，及时追肥，氮肥多次少量，定植时可喷施增产菌1000倍液，结球期每隔7～8d喷一次0.3%磷酸二氢钾水溶液叶面肥。

（8）合理灌溉　选择地势高的田块种植，加强苗期水分管理。做到"三水齐苗、五水定棵"。苗期应在晴天隔行浅灌，以保持土温。

莲座期适当控水，包心期大肥大水，但忌大水漫灌，以保持地面湿润为宜，及时排出田间积水。

生长后期应小水勤灌，畦面要见干见湿，遇到涝年或大雨冲刷菜根后，要及时培土和雨后及时排水。天旱时，不要过分蹲苗，除掉弱小病苗。

(9) 清洁田园　前茬收获后，及时清除残留枝叶，立即深翻20cm以上，晒垡7～10d。清洁田块，减少菌源。包心期及时检查，发现病株及时拔除并带出田外深埋或烧毁，病穴用石灰或用20%石灰水灌穴消毒。

田间、地边的杂草有很多是病虫害的寄主或越冬场所，及时清除、烧毁可消灭部分害虫，以及病毒病的传染源。

(10) 加强窖藏管理　注意窖内卫生，及时清出发病大白菜，减少再传染源，窖温宜控制在0～5℃，防止持续高温。

(11) 种子处理　带菌种子可在50℃温水中浸泡20min，然后立即移入冷水中冷却，晾干后播种。可预防白斑病、褐腐病、炭疽病等病害。

种子用55℃温汤浸种20min，同时不停搅动种子；或用0.4%高锰酸钾溶液浸种15min；或用1∶150倍生石灰水浸种15min，可预防大白菜根肿病。

(12) 草木灰拌土盖种　将草木灰与田土按体积比1∶3的比例混拌均匀后，用混拌好的土覆盖种子，然后用喷雾器在上面浇足水。

(13) 重施草木灰　施用充足的干草木灰和腐熟的农家肥。每667m^{2}施干草木灰250kg，根肿病严重的地块可施干草木灰300～400kg，沟施，在施好充分腐熟的农家肥之后，将草木灰施在农家肥料之上。

(14) 喷施EM原液　在施完基肥后，在垄沟内喷施300倍液的EM原液，然后合垄。播种后在播种穴内喷施300倍的EM原液，使大白菜种子一萌发即在有益菌的影响范围内，出苗后，苗3叶1心时，用300倍液喷施第三次，重点向根部喷施。

【物理防治】

(1) 夏季休闲期高温淹水处理土壤　对有大白菜根结线虫病（图11-13）的地区，应提前搞好土壤消毒。拔园后清洁地面，每667m^{2}施用稻草500～1000kg、生石灰200kg，然后深翻45～60cm，按40cm行距起垄，高30cm，在沟内浇大水，使沟内存有明水。在地面覆盖薄膜，使地下20cm的土温保持在50℃以上，连续保持15～20d。

图 11-13　大白菜根上的根结线虫病表现

（2）人工治虫　菜田要进行秋耕或冬耕，可消灭部分虫蛹。结合田间管理，及时摘除卵块和初龄幼虫。

（3）色板诱杀或驱避　蚜虫、黄曲条跳甲、白粉虱等具有趋黄性，可设黄板诱杀（图11-14）。或挂铝银灰色或乳白色反光膜拒蚜传毒。

（4）灯光诱杀　田间设置黑光灯诱杀害虫。

（5）防虫网阻隔　有条件的在播种后覆盖防虫网，可防止蚜虫传播病毒病。

【生物防治】

（1）植物灭蚜　辣椒或野蒿加水浸泡24h，过滤后喷施；蓖麻叶与水按1∶2浸泡，煮15min后过滤喷施；2.5%鱼藤精600～800倍液喷洒；烟草石灰水（烟草0.5kg，石灰0.5kg，加水30～40kg，浸泡24h）喷雾。

图 11-14　黄板诱杀蚜虫、黄曲条跳甲、小菜蛾、白粉虱等

（2）沼液防治病虫　苗期一般有黄曲条跳甲等害虫咬食幼苗茎秆或子叶，病害主要有白斑病、猝倒病和立枯病，可按沼液∶清水＝1∶（1～2）的浓度进行喷雾预防。

团棵期、莲座期及结球期易发生菜螟、蚜虫、菜青虫、蛞蝓等虫害和黑斑病、软腐病、霜霉病等病害，可用纯沼液进行喷雾，每隔10d喷一次，即可有效预防。

用于喷雾的沼液必须取于正常产气3个月以上的沼气池。喷施时需均匀喷于叶面和叶背，喷施后20h左右再喷一遍清水。

【药剂防治】

（1）大白菜白斑病（图11-15～图11-18） 病害开始发生时，可用50％硫黄悬浮剂800倍液喷雾，每7～10d喷一次，连续2次，或用1:2:200倍的波尔多液喷雾防治，每15d喷一次，连续2～3次（炎热中午禁用）。也可用300倍的乳化植物油喷雾，每5～7d喷一次，连续2～3次，若在300倍的乳化植物油中，添加100亿活孢子/g的苏云金杆菌粉剂500～1000倍液一起喷雾，效果更好。还可在发病初期，用1.5亿活孢子/g木霉菌可湿性粉剂300倍液喷雾，每隔5～7d一次，连续防治3～4次。

图11-15　大白菜白斑病田间连片发病状

图11-16　大白菜白斑病发病单株

图11-17　大白菜白斑病叶片正面病斑

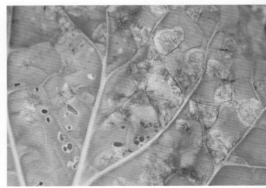

图11-18　大白菜白斑病叶片背面病斑

（2）大白菜白粉病　可选用1%蛇床子素乳剂600～1000倍液，或0.5%大黄素甲醚水剂600～1000倍液、50%硫黄悬浮剂300倍液喷雾（掌握浓度，避免在中午高温时喷施，以防药害）。

从大白菜莲座期开始，喷施100万孢子/g寡雄腐霉可湿性粉剂7500～10000倍液，能有效预防白粉病、灰霉病、霜霉病等多种真菌性病害，还能提高系统抗性；另外，病害发生初期，喷施100万孢子/g寡雄腐霉可湿性粉剂7500倍液，可以有效杀灭病害。

（3）大白菜病毒病（图11-19）　发病前或发病初期，可选用0.5%菇类蛋白多糖水剂300倍液，或4%嘧肽霉素水剂200～300倍液、2%香菇多糖可溶液剂500倍液等喷雾，重点喷洒幼嫩组织可减轻为害，一般隔7d喷一次，连喷3～4次。还可用1：0.5：（160～200）的波尔多液喷洒中心病株，或0.1%的高锰酸钾加0.3%木醋液喷雾防治。

（4）大白菜褐腐病（图11-20～图11-22）　生产中可选用3亿CFU/g的哈茨木霉菌可湿性粉剂灌根，每667m²用2.7～4.0kg，每10～15d灌一次，连续2～3次。或用6%井冈·蛇床素可湿性粉剂40～60g/667m²。或用77%氢氧化铜溶液800倍液、5%井冈霉素600～800倍液等喷雾，每隔5～7d喷施一次，连续2～3次。也可用1：2：200倍的波尔多液喷雾，每隔10～15d喷施一次，连续2次。

（5）大白菜黑斑病（图11-23）　在发病初期，可用1：2：200倍的波

图11-19　大白菜病毒病叶面凹凸
　　　　　不平失绿

图11-20　大白菜褐腐病田间初发病状

图11-21 大白菜褐腐病后期发病状

图11-22 大白菜褐腐病发病初期形成的椭圆形病斑

尔多液喷雾防治，每15d喷一次，连续2～3次（炎热中午禁用，以防药害），或用300倍的乳化植物油喷雾，每5～7d喷一次，连续2～3次，如在300倍的乳化植物油中，添加100亿活孢子/g的苏云金杆菌粉剂500～1000倍液一起喷雾，效果更好。还可用1.5亿活孢子/g木霉菌可湿性粉剂300倍液在发病初期喷雾，每隔5～7d一次，连续防治3～4次。同时在进行药剂防治时还可加入0.2%磷酸二氢钾或叶面宝8000倍液等，以提高作物长势，增强抗病性。

（6）大白菜黑腐病（图11-24）、细菌性叶斑病 定植缓苗后，用77%氢氧化铜水溶液800倍液灌蔸，每株150～200mL；莲座期用77%氢氧化铜水溶液800倍液，或86.2%氧化亚铜800倍液喷雾，或

图11-23 大白菜黑斑病叶片正面病斑圆形至近圆形有明显同心轮纹外围具黄色晕圈

图11-24 大白菜黑腐病中后期叶片症状

10%多抗霉素可湿性粉剂1000倍液喷雾防治2～3次。

（7）大白菜黑胫病　发病初期，可选用77%氢氧化铜可湿性粉剂500～800倍液，或50%硫黄悬浮剂600～800倍液、1：1：（250～300）波尔多液等喷雾防治，7～14d喷1次，连喷2～3次。

（8）大白菜细菌性角斑病　发病初期，喷施80%乙蒜素乳油5000倍液，或77%氢氧化铜可湿性粉剂800倍液，或乳化植物油300倍液，或20%井冈霉素水溶剂，每25g兑水50kg喷雾，每5～7d喷雾一次，连续2～3次。

（9）大白菜立枯病　发病初期立即喷药，每667m²可选用6%井冈·蛇床素可湿性粉剂40～60g，兑水45kg喷雾，7～10d喷雾一次，连喷2～3次。

（10）大白菜软腐病（图11-25～图11-27）　从莲座期开始，用米醋或食用醋100～500倍液（低温时用250～300倍液，气温高时用300～500倍液），每隔5～7d喷施一次，连喷3次左右。

在发病前，可选用86.2%氧化亚铜可湿性粉剂2000～2500倍液，或47%氧氯化铜可湿性粉剂600～800倍液、77%氢氧化铜可湿性粉剂800～1000倍液、80%乙蒜素乳油5000倍液、乳化植物油300倍液等喷雾，视病情间隔7～15d喷一次。重点喷洒病株基部及地表，使药液流入菜心效果更好。还可用20%井冈霉素水溶剂，每25g兑水50kg喷于植物根茎部。

用10亿CFU/g多黏类芽孢杆菌可湿性粉剂100倍液浸种，或10亿CFU/g多黏类芽孢杆菌可湿性粉剂3000倍液泼浇，或每667m²用10亿CFU/g多黏类芽孢杆菌可湿性粉剂440～680g，兑水80～100kg灌根。播种前种子用本药剂100倍液浸泡30min，浸种后的余液泼浇营养钵或苗床；育苗时的用药量按种植667m²或1hm²地所需营养钵或

图11-25　大白菜软腐病白天叶片萎蔫状

图 11-26　大白菜软腐病莲座期发病状

图 11-27　大白菜软腐病根茎处心髓组
织腐烂状

苗床面积的量折算；移栽定植时和初发病前始花期各用1次。

发病初期，喷施高锰酸钾或氨基酸螯合铜制剂500～800倍液，每7～10d一次，连续2～3次。或用1∶0.5∶（160～200）波尔多液喷洒中心病株消毒。

（11）大白菜霜霉病（图11-28～图11-30）　发病初期，用100倍的竹醋液或300倍的乳化植物油喷雾，每5～7d喷雾一次，连续3次。也可用80%乙蒜素乳油5000～6000倍液，或1.5亿活孢子/g木霉菌可湿性粉剂2000倍液、0.1%高锰酸钾+0.3%木醋液、0.3%苦参碱1500～2000倍液、高锰酸钾或氨基酸螯合铜制剂500～800倍液等喷雾防治，每隔5～7d

图 11-28　大白菜霜霉病发病轻时叶片上
的小黄点

图 11-29　大白菜霜霉病发病中期叶正面
多角形病斑

十一、有机大白菜

喷一次，连续防治2～3次。或用
1：0.5：（160～200）波尔多液喷
雾防治，每15d喷一次，连续2～
3次（炎热的中午严禁用药，以防
发生药害）。

（12）大白菜炭疽病（图11-31～
图11-34）发病初期，可用10%多
抗霉素1000倍液，或40%多硫悬
浮剂600倍液、1.5亿活孢子/g木霉

图11-30　大白菜霜霉病叶背的白
色霜状霉层

菌可湿性粉剂300倍液等喷雾，每隔5～7d一次，连续防治3～4次。

图11-31　大白菜炭疽病叶正面病斑

图11-32　大白菜炭疽病叶背面病斑

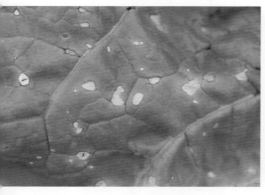

图11-33　大白菜炭疽病病斑特写

图11-34　大白菜炭疽病叶面病斑和叶
脉病斑形态

（13）大白菜菌核病（图11-35～图11-37）　播种时开沟或随种施入10亿个活孢子/g哈茨木霉菌可湿性粉剂1kg。发病初期喷施40％硫黄悬浮剂或氨基酸螯合铜制剂500～600倍液，每7～10d使用1次，连续2～3次。

图11-35　大白菜菌核病茎基部变褐变软

图11-36　大白菜菌核病茎基部的白色霉层

图11-37
大白菜菌核病后期菌丝扭曲成鼠粒状菌核

（14）大白菜根肿病（图11-38、图11-39）　播种时开沟或随种施入10亿个活孢子/g哈茨木霉菌可湿性粉剂1kg。定植缓苗后，用77%氢氧化铜可湿性粉剂800倍液灌根，每株用药液量150mL，或在大白菜莲座期，用1.5亿活孢子/g的哈茨木霉菌可湿性粉剂300～500倍液灌根，每株用药液量250mL。

图11-38　大白菜根肿病叶片中午
凋萎下垂，早晚恢复

图11-39　大白菜根肿病病株表现

发病初期，喷施高锰酸钾或氨基酸螯合铜制剂500～800倍液，每隔7～10d一次，连续2～3次。同时拔除病株，用生石灰对周围土壤消毒。

（15）黄曲条跳甲（图11-40）　在害虫活动盛期（冬季上午10时左右或下午3～4时，夏季早上7～8时或下午5～6时）喷雾，每隔3～5d喷施一次，连续2～3次。可选用0.3%苦参碱水剂+鱼藤酮混剂300倍液，或0.65%茴蒿素400倍液、0.3%印楝素乳油500倍液、2.5%多杀菌素悬浮剂800～1000倍液等，上述药品中与苏云金杆菌可湿性粉剂混合施用效果更好。也可用0.3%苦参碱水剂与苏云金杆菌混合后拌上炒香的麦麸撒施于蔬菜行间或根部。

（16）甘蓝夜蛾、斜纹夜蛾等夜蛾类害虫（图11-41）　在幼虫2龄期前喷洒0.6%苦参碱水剂300～500倍液，或0.3%印楝素乳油500倍液、2.5%多杀菌素悬浮剂800～1000倍液、8000IU/mg苏云金杆菌可湿性粉剂500～600倍液、核型多角体病毒（NPV），每5～7d喷雾一次，连续2～3次。如将苦参碱与苏云金杆菌或苦参碱与核型多角体病毒配合

图 11-40　黄曲条跳甲为害大白菜　　　　　图 11-41　斜纹夜蛾幼虫为害大白菜苗期

使用效果更好。

（17）小菜蛾（图11-42、图11-43）　在2龄期前，用0.6%苦参碱水剂300～500倍液，或0.3%印楝素乳油500倍液、2.5%多杀菌素悬浮剂1000～1500倍液、8000IU/mg苏云金杆菌可湿性粉剂500～600倍液、100亿活芽孢/g青虫菌可湿性粉剂1000倍液喷雾，每5～7d喷雾一次，连续2～3次。或用绿僵菌菌粉兑水稀释成0.05亿～0.1亿个孢子/mL的菌液喷雾。或每667m²用400亿孢子/g球孢白僵菌水分散粒剂26～35g兑水30～45kg均匀喷雾。也可用40亿PIB/g小菜蛾颗粒体病毒可湿性粉剂250～300倍液喷雾。或每667m²用300亿PIB/mL小菜蛾颗粒体病毒悬

图 11-42　小菜蛾成虫　　　　　　　图 11-43　小菜蛾幼虫咬食大白菜叶球状

浮剂25～30mL，兑水30～50kg
喷雾，根据作物大小可以适当增
加用量。

（18）菜青虫（图11-44）　菜
青虫世代重叠现象严重，3龄后的
幼虫食量大增、耐药性增强，施
药应在2龄期之前，可选用2.5％
多杀菌素悬浮剂1000～1500倍
液，或0.3％印棟素乳油500倍液、
8000IU/mg苏云金杆菌可湿性粉剂

图11-44　菜青虫为害大白菜幼苗

500～600倍液、100亿活芽孢/g青虫菌可湿性粉剂1000倍液、0.6％苦参
碱水剂300～500倍液喷雾，每隔5～7d喷雾一次，连续2～3次。或用
绿僵菌菌粉兑水稀释成0.05亿～0.1亿个孢子/mL的菌液喷雾。

（19）菜螟（图11-45、图11-46）　在幼虫孵化期，选用2.5％鱼
藤酮乳油1000倍液，或0.3％印棟素乳油500倍液、0.65％茴蒿素水剂
300～500倍液、2.5％多杀菌素悬浮剂800～1000倍液、0.6％苦参碱水
剂300～500倍液，或苏云金杆菌乳剂1000倍液，每3～5d喷施一次，
连续2～3次。

（20）蚜虫（图11-47）　始盛期喷洒0.6％苦参碱水剂300～500倍液，

图11-45　菜螟为害大白菜心叶造
成无头苗

图11-46　菜螟幼虫

或0.3%印楝素乳油500倍液、7.5%鱼藤酮植物油剂500～800倍液、1.5%除虫菊素水乳剂800倍液，每5～7d喷施一次，连续2～3次。

（21）蜗牛（图11-48）　用6%四聚乙醛（蜗牛净）颗粒剂配成含有效成分4%左右的豆饼粉或玉米粉毒饵，在傍晚撒于田间垄上诱杀，或每667m²用8%灭蛭灵颗粒剂2kg撒于田间。

图11-47
蚜虫为害大白菜叶片背面

图11-48
大白菜蜗牛为害状

十二、
有机结球甘蓝

结球甘蓝（图12-1），在全国广泛栽培，为消费者喜爱的大宗蔬菜，在长江流域的主要栽培方式有：春甘蓝栽培（图12-2，一般选用中晚熟品种，于前一年10～11月在露地播种育苗，苗龄40d左右，11～12月定植，也可于12月下旬至翌年1月上旬阳畦播种或在温室播种育苗，2月中旬

图12-1　结球甘蓝（平头型）

至3月上旬露地或大棚定植）、夏甘蓝栽培（一般6月上旬育苗，7月上旬定植，8月下旬至9月中下旬采收）、秋甘蓝栽培（图12-3，中晚熟品种多在6月中下旬播种，7月底至8月初定植，10月下旬至11月中旬采收；中早熟、早熟品种多在7月上旬至8月上旬育苗，8月上旬至9月初栽植，10月上旬至11月初上市）、冬甘蓝栽培（秋播：7月20日至8月10日播种育苗，苗龄30～35d，9月15日前定植，11月至翌年3月均可采收上市；冬播：9月1日～20日播种育苗，10月底定植完毕，翌年2～3月采收上市）等。

其中，以春甘蓝栽培较多，其次为冬甘蓝栽培。夏甘蓝栽培对填补秋淡意义大，虽种植面积小，但效益往往更为可观。结球甘蓝各个不同栽培季节，除了选择好品种外，培育壮苗、施足基肥、加强肥水管理，是作物高产优质的重要保障。

图 12-2　甘蓝早春塑料大棚栽培　　　　　　图 12-3　秋甘蓝露地栽培

1. 有机春甘蓝栽培技术要领

【选择品种】选择耐低温、冬性较强、抽薹率低的早熟品种，如春丰、寒雅、争春、牛心。

> **注意**：品种不要混杂，否则植株整齐度差，且冬性降低，容易先期抽薹。

【确定播期】一般 10 ～ 11 月在露地播种育苗（图 12-4），也可于 12 月下旬至翌年 1 月上旬阳畦（温床）播种或在温室播种育苗。

【准备苗床土】每 667m² 苗床基施充分腐熟有机肥 3000 ～ 5000kg，加少量微肥（例如硼肥），深翻、耙匀、做畦。

【种子处理】播种前种子用 20 ～ 30℃温水浸种 2 ～ 4h，在 18 ～ 25℃温度下催芽，1 ～ 2d 后大部分种子"露白"时播种，也可以干籽直播。

【播种】播种宜在晴天中午进行。在整平苗床后，稍加镇压，刮平床面，浇透底水，撒一层细营养土后再撒播种子，播后

图 12-4　甘蓝露地撒播育苗

图12-5 假植后的甘蓝壮苗

图12-6 甘蓝穴盘育苗子叶期

图12-7 甘蓝穴盘育苗

盖土0.6～0.8cm厚，然后盖地膜保温保湿。

【苗期管理】

（1）分苗前管理 出苗期维持18～20℃土温，并及时揭去地膜，出苗后至真叶破心前下胚轴易徒长，苗床气温和土温比出苗前分别降低2℃。苗床应防止高温（25℃）干旱。

（2）分苗 一般应分苗控长，可分苗1～2次，一般应分苗一次，在2片真叶时分苗一次，若生长过旺则需分苗2次，第一次在破心或1叶1心时进行，第二次在3～4片真叶时进行（图12-5），成苗的营养面积以（6～8）cm×（6～8）cm为宜。

（3）保温 在出苗前保护地内白天保持温度20～25℃，夜间15℃，幼苗出土后及时放风，以后夜间13～15℃，白天维持20～25℃，减少低温的影响，以防未熟抽薹。当秧苗长出3～4片真叶以后不应长期生长在日平均6℃以下，防止过早通过春化，若夜间温度过低，可提高白天温度，或采用小拱棚覆盖增温。

（4）浇水 在4片真叶以后视苗情可追施速效粪尿肥。在苗床地表干燥时应浇透水，少次透浇，不可小水勤浇。

（5）注意防治菜青虫 结球甘蓝春季栽培除采用营养土育苗外，还可采用穴盘育苗（图12-6、图12-7）。

【整地施肥】定植田块的前茬最好为非十字花科作物。采用深沟高畦。结合整地每667m²施腐熟农家肥4000～5000kg（或商品有机肥500～600kg）、磷矿粉40kg、钾矿粉20kg，搅拌均匀平撒在地面上，深翻土地20～30cm。

【定植】

（1）定植时间　在温度较低的11～12月内定植。幼苗长到6～7片叶为定植最佳时期。

（2）定植方法　一般采用大小行定植，覆盖地膜（图12-8），北方每667m²定植早熟种4000～6000株，中熟种2200～3000株，晚熟种1800～2200株。南方每667m²定植早熟品种3500～4500

图12-8　春甘蓝移栽定植

株，中熟品种3000～3500株，迟熟品种1600～2000株。定植后浇定根水。

【保温】缓苗期，大棚栽培的要增温保温，采取加盖草苫、内设小拱棚等措施保温，适宜的温度为白天20～22℃、夜间10～12℃。

【浇缓苗水】定植后4～5d，浇缓苗水。

【中耕培土】浇缓苗水后，要及时中耕、锄地、蹲苗。一般早熟品种宜中耕二三次、中晚熟品种三四次。第一次中耕宜深，要全面锄透、锄平整。

【追施苗肥】结球期前要形成一定的外叶数，重点在结球初期，施肥浓度和用量应随植株生长而增加，天旱宜淡，每667m²用20％～30％腐熟人粪尿1000～1500kg。

【中耕培土】莲座期中耕，宜浅锄并向植株四周培土。

【追施莲座肥】莲座期与结球期，大棚栽培的，温度控制在白天15～20℃、夜间8～10℃。每667m²追施腐熟的沼渣或经过发酵的畜粪肥1500～2000kg。

【结球期保湿】结球期要保持土壤湿润。大棚栽培的，浇水后要放风排湿，室温不宜超过25℃，当外界气温稳定在15℃时可撤膜。

【追施结球肥】植株封垄后，再施一次腐熟沼液或充分腐熟的畜粪肥700～800kg作追肥（图12-9）。

【结球后期控水】控制浇水次数和水量。干旱时应及时灌溉。

【采收】一般采收期是从定植时算起，早熟品种65d左右，中熟品种75d左右，极早熟品种55～65d。一般在4月底至5月初开始采收。

采收标准是：叶球坚实而不裂，发黄发亮，最外层叶上部外翻，外叶下披。叶球一旦充实而不适时采收，很快就会裂开（图12-10），成为次品。

图12-9　甘蓝结球期及时追肥

2. 有机甘蓝主要病虫害综合防控

【农业防治】

（1）实行轮作　结球甘蓝生产应与十字花科作物进行2～3年轮作，前茬最好为葱蒜类，保护地可与茄果类、瓜类、豆类蔬菜等轮作。

图12-10　雨水过多未及时采收导致的甘蓝裂球现象

（2）培育壮苗　适时播种。通过适当提早或推迟播种期，避开高温干旱的环境条件，减少蚜虫的发生，降低病毒病发生率。如秋甘蓝育苗时间多在6月中下旬至8月上旬，应根据前茬罢园时间，确定适宜的育苗时间，尽量避免高温干旱，或通过遮阴降温和加强苗期肥水管理、病虫害预防等，减少高温干旱的危害。秋播一般是7月20日至8月10日播种育苗，宜尽量迟播。

加强苗期管理，培育适龄壮苗。可以通过适期分苗、夏秋季大棚加强通风透气、覆盖遮阳网等方法降温，采用防虫网等防止外界害虫进入大棚。冬春季节育苗，要注意保温，避免低温。

（3）加强栽培管理　缓苗后应适时蹲苗，促进根系下扎，植株封垄后，要减少田间作业次数，不可过旱过涝。密切注意大棚内的温湿度情况，及时降低大棚内及露地表面的湿度。设施栽培应保持大棚膜清洁，尽量加强光照。对连茬地，或土传病害和地下害虫严重的地块，应用药剂杀虫或选用枯草芽孢杆菌加木霉菌等微生物菌剂灌根预防。

(4) 科学施肥　基肥应施用充分腐熟的优质有机肥。生长期注意氮、磷、钾肥配合，避免缺肥，增强植株抵抗病虫害的能力。采用叶面施肥，提高叶球的防病抗病能力。如在结球初期，叶面喷施0.2%磷酸二氢钾溶液及中、微量元素肥料。生长中期，叶面喷施0.1%～0.2%硼砂溶液，或0.3%～0.5%氯化钙或硝酸钙溶液2～3次，以防止缺硼缺钙导致的植株生长不良。

对根肿病易发生地块，主要是加强预防，可在耕地时撒些消石灰，以调整土壤酸碱度，使土壤呈微碱性，土壤pH调到6.7时，交换性钙含量在1210mg/kg以上，则无根肿病发生。一般每667m²可撒消石灰100～150kg。

(5) 合理浇水　雨后及时排水，控制土壤湿度。浇水要掌握"前少后多"原则，莲座期前根据植株长势决定是否追肥，追肥可结合浇水进行。结球中期，要保持土壤湿润，浇水逐渐增多，夏秋栽培一般每隔4～6d浇1次水。多雨季节要及时排水防涝，防止沤根死苗。

(6) 清洁田园　田间发现病株，如软腐病、菌核病等，应及时清理病株，带出田外深埋或烧毁，并对病穴撒施石灰乳，以防病菌蔓延。发现菜青虫、小菜蛾、甜菜夜蛾等害虫的卵块，可及时摘除。

(7) 种子处理　预防病毒病。可把种子在播种前用10%磷酸三钠溶液浸泡20min，用清水洗净后再播种。有条件时，可将干燥的种子置于70℃恒温箱内进行干热消毒72h。

预防黑腐病、黑胫病、软腐病、炭疽病等。播种前用50℃温水浸种20～30min，取出后晾干播种。或在60℃恒温下处理干种子6h。

【物理防治】可采用黑光灯及糖醋液诱杀，或黄板诱杀害虫，大棚栽培可采用防虫网或遮阳网阻隔害虫。

【药剂防治】

(1) 结球甘蓝病毒病　发病前或发病初期，可选用0.5%菇类蛋白多

图12-11　结球甘蓝黑斑病病叶

图12-12　结球甘蓝黑腐病大田
发病状

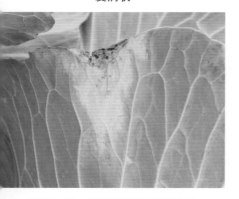

图12-13　结球甘蓝黑腐病叶缘
"V"字形病斑

糖水剂300倍液，或4％嘧肽霉素水剂200～300倍液等交替使用，在苗期每隔7～10d喷雾1次，连喷3～4次。

（2）结球甘蓝黑斑病（图12-11）发病前或发病初期，可选用77％氢氧化铜可湿性粉剂500倍液，或0.5：1：100倍式波尔多液喷雾防治，每7d喷药1次，连防2～3次。

（3）结球甘蓝黑腐病（图12-12、图12-13）中心病株拔除后，四周植株用77％氢氧化铜可湿性粉剂800倍液喷雾。未发病前，用1：1：200倍波尔多液喷雾预防。发病初期，可选用27.12％碱式硫酸铜悬浮剂600～800倍液，或77％氢氧化铜可湿性粉剂500倍液等喷雾，5～7d一次，连喷2～3次。

（4）结球甘蓝黑胫病　发病初期，用80亿/mL地衣芽孢杆菌水剂500～750倍液喷雾防治。每隔5～6d喷1次，连喷2～3次。喷植株时，要结合喷地面，以提高防效。

（5）结球甘蓝菌核病（图12-14～图12-17）　发病初期喷药保护，重点喷撒植株茎基部、老叶及地面。用1：2的草木灰、熟石灰混合粉，撒于根部四周，每667m^2 30kg；用1：8的硫黄、石灰混合粉，喷于植株中下部，每667m^2 5kg，可在抽薹后期或始花期、盛花期施用，以消灭初期子囊盘和子囊孢子。

播种时开沟或随种施入10亿个活孢

图12-14　结球甘蓝菌核病莲座期
　　　　发病造成缺窝

图12-15　结球甘蓝菌核病根茎部发病

图12-16　结球甘蓝菌核病叶球发病

图12-17　结球甘蓝菌核病后期长
　　　　出的黑色菌核

子/g哈茨木霉菌可湿性粉剂1kg。发病初期喷施40%硫黄悬浮剂或氨基酸螯合铜制剂500～600倍液，每7～10d使用1次，连续2～3次。

（6）结球甘蓝软腐病（图12-18～图12-20）　发病前或发病初期，可选用86.2%氧化亚铜可湿性粉剂2000～2500倍液，或77%氢氧化铜可湿性粉剂800～1000倍液喷雾，视病

图12-18　结球甘蓝软腐病病株叶片

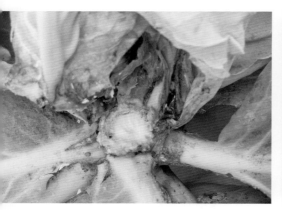

图12-19　结球甘蓝软腐病病株茎
　　　　　基部脱落

图12-20　结球甘蓝软腐病球茎脱离茎
　　　　　基部腐烂发臭

情间隔7～10d喷雾1次。

　　发病初期，喷施高锰酸钾或氨基酸螯合铜制剂500～800倍液，每7～10d一次，连续2～3次。

　　(7)结球甘蓝霜霉病（图12-21～图12-24）　发病前或发病初期，用1.5亿活孢子/g木霉菌可湿性粉剂400～800倍液喷雾，每隔7～10d喷雾1次，连防3～4次。也可选用高锰酸钾或氨基酸螯合铜制剂500～800倍液喷施，每7～10d一次，连续2～3次。

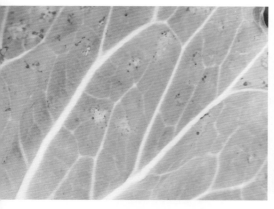

图12-21　结球甘蓝霜霉病叶片初
　　　　　发病时叶上的黄点

图12-22　结球甘蓝霜霉病叶片正面发
　　　　　病状

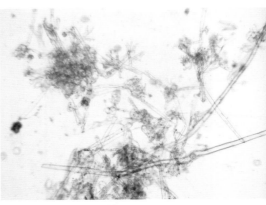

图 12-23　结球甘蓝霜霉病叶背上
的白色霉层

图 12-24　结球甘蓝霜霉病病原 100 倍
显微图

（8）结球甘蓝根腐病（图 12-25）、白粉病、灰霉病（图 12-26）等　从莲座期开始，用 100 万活孢子/g 寡雄腐霉可湿性粉剂 7500 ～ 10000 倍液喷施预防。发生初期，使用 100 万活孢子/g 寡雄腐霉可湿性粉剂 7500 倍液喷施，可杀灭病害，防治病害蔓延。

（9）结球甘蓝根肿病（图 12-27）　播种时开沟或随种施入 10 亿个活孢子/g 哈茨木霉菌可湿性粉剂 1kg。

发病初期，喷施高锰酸钾或氨基酸螯合铜制剂 500 ～ 800 倍液，每隔

图 12-25　结球甘蓝根腐病
植株萎蔫

图 12-26　结球甘蓝灰霉病株

图12-27 结球甘蓝根肿病病株

7～10d一次，连续2～3次。同时拔除病株，用生石灰对周围土壤消毒。

（10）蚜虫（图12-28）、菜青虫（图12-29～图12-33）、小菜蛾（图12-34）、甜菜夜蛾（图12-35）、斜纹夜蛾（图12-36）、棉铃虫等害虫　防治蚜虫，用1%苦参碱水剂600倍液喷雾。

防治菜青虫、小菜蛾、甜菜夜蛾，在平均气温15℃以上时，每667m²用8000IU/mg苏云金杆菌可湿

图12-28　桃蚜为害结球甘蓝叶片

图12-29　菜粉蝶成虫

图12-30　菜粉蝶卵块

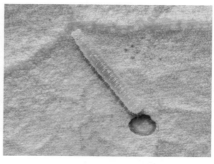

图12-31　菜青虫低龄幼虫为害叶片状

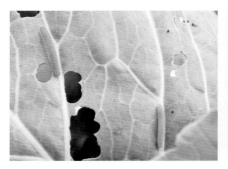

图12-32　菜粉蝶幼虫——菜青虫高龄
　　　　　幼虫为害叶片状

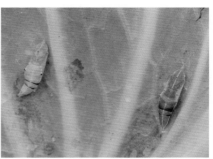

图12-33　菜粉蝶蛹

图12-34　小菜蛾幼虫为害结球甘蓝植
　　　　　株头

图12-35　甜菜夜蛾幼虫为害结球甘蓝
　　　　　叶片

性粉剂100～300g，或32000IU/mg
可湿性粉剂50～80g、4000IU/μL
悬浮剂100～150mL，兑水30～
45kg均匀喷雾。或在成虫产卵高
峰后7d左右，幼虫处于2～3龄
时施药防治，每667m²用0.3％苦
参碱水剂62～150mL，或1％苦
参碱醇溶液60～110mL，兑水

图12-36　结球甘蓝叶片背面的斜纹夜蛾
　　　　　幼虫

40～50kg均匀喷雾，或用3.2％苦参碱乳油1000～2000倍液喷雾。对低
龄幼虫效果好，对4～5龄幼虫敏感性差。持续期7d左右。

　　防治菜青虫、棉铃虫，可每667m²选用16000国际单位/mg苏云金芽
孢杆菌可湿性粉剂100～150g，或20亿PIB/mL棉铃虫核型多角体病毒悬

浮剂50～60mL、100亿活孢子/g杀螟杆菌粉80～100g，兑水40～50kg均匀喷雾。

　　防治小菜蛾、菜青虫，每667m²用400亿孢子/g球孢白僵菌水分散粒剂26～35g，兑水30～45kg均匀喷雾。或用100亿活孢子/g青虫菌可湿性粉剂500～1000倍液喷雾。或用绿僵菌菌粉兑水稀释成每毫升含孢子0.05亿～0.1亿个的菌液喷雾。

十三、有机花椰菜

花椰菜（图13-1），又称菜花或花菜，因其营养丰富、食用价值好，在我国南北种植面积均较大，效益较好。主要栽培方式有大棚春季早熟栽培（一般12月中旬至1月初在大棚内播种育苗，3月上旬定植于棚内）、中（小）拱棚早熟栽培（一般12月下旬至1月上旬，采用阳畦冷床育苗，3月上中旬定植）、春季露地栽培（一般1月播种，3月中旬定植）、夏季露地栽培（一般4月20日～5月10日播种，苗龄20～25d）、秋季露地栽培（图13-2，长江以南地区6月下旬至9月播种，苗龄30～40d）、大棚秋延后栽培（一般7月上中旬播种育苗，8月上中旬定植）等。生产上以秋露地栽培为主要栽培方式。

图13-1　适期采收的花椰菜

图13-2　花椰菜秋季露地栽培

1. 有机花椰菜秋露地栽培技术要领

【选择品种】必须选用苗期耐热的适宜品种。一些耐寒性好、冬性强的品种不能在秋季栽培，否则会出现温度条件高，不能通过春化阶段而不能形成花球的现象。

【选择播期】一般6月下旬至9月播种。

【准备苗床】苗床应选择地势高燥、通风良好、能灌能排、土质肥沃的地块。根据土壤肥力，每平方米育苗床施过筛的腐熟粪肥15～20kg。施肥后将床土倒2遍，将土块打碎与粪土混匀。整平整细畦面。

【播种】播种前给苗床浇足底水，翌日在苗床上按10cm×10cm规格划方块，然后在方块中央扎眼，深度不超过0.5cm，再用喷壶洒一遍水，水渗下后撒一层薄薄的过筛细土，按穴播种，每穴2～3粒，播后覆盖约0.5cm厚的过筛细土。随后立即搭遮阴棚。

【建棚】播种季节日照强烈，常遇阵雨或暴雨，为防止高温烤苗和雨水冲刷，需搭盖遮阳防雨棚（图13-3），以遮光、降温、防雨、通风为目的，可搭成高1m左右的拱棚，上盖遮阳网或苇席，下雨之前要加盖塑料薄膜防雨，如用塑料薄膜搭成拱棚，切忌盖严，四周须离地面30cm以上，以利于通风降温。

有条件的采用穴盘育苗，于大棚上加遮阳网覆盖育苗效果更佳（图13-4）。

图13-3　秋花椰菜普遍苗床遮阳育苗　　　　图13-4　大棚遮阴培育花椰菜苗

【苗期管理】

（1）播种后　3～4d幼苗出齐，如4d后幼苗出齐，应及时灌一次小水，以保证幼苗出土一致。

（2）苗出齐后　将塑料薄膜及遮阳网撤掉，换上防虫网。

一般幼苗出土到第一片真叶出现时，每天上午10时～下午4时均需遮阳。后期逐渐缩短遮阳的时间，直至不再遮阳。

（3）苗期浇水追肥　苗期要有充分的水分，一般每隔3～4d浇一次水，保持苗床见湿见干，土壤湿度为70％～80％。当小苗长到3～4片叶时，应追施少量有机营养液肥。

> **注意**：苗期水分管理是关键，绝不能控水，防止干旱使幼苗老化。

浇水和追肥应在傍晚或早晨进行，用井水或冷水浇灌，以利于降低地温。

【间苗分苗】子叶展开时及时间苗，每穴只留1株。当幼苗具有2～3片真叶时，按大小进行分苗（图13-5）。分苗选阴天或傍晚进行，苗距8cm左右。分苗床管理与苗床管理相同。苗龄30～40d，当幼苗有6～7片真叶时即可定植，幼苗过大定植不易缓苗。

有条件的可采用穴盘漂浮育苗（图13-6），一次成苗。

図13-5　花椰菜苗分苗假植　　　图13-6　花椰菜穴盘漂浮育苗

【选地】选择地势高、排水好、不易发生涝害的肥沃田块种植，前茬最好为番茄、瓜类、豆类、大蒜、大葱、马铃薯等作物，切忌与小白菜、结球甘蓝等十字花科蔬菜连作。

【大田施肥】基肥每667m²施农家肥3000～4000kg、磷矿粉30～50kg、钾矿粉20kg。

【整地做畦】深翻20cm，耙平。早熟品种以做成高25～30cm、宽

1.3m左右的畦为宜，中晚熟品种畦宽1.5m左右。

【定植】

（1）定植时期　早熟品种6～7片叶时定植，中熟品种7～8片叶时定植，晚熟品种8～9片叶时定植。

（2）定植规格　在早晨或傍晚定植，菜苗最好随起随种。可采用平畦或起垄栽培，定植株距40～50cm，行距50cm，每667m²栽2600～3000株（图13-7）。

（3）定植方法　定植前苗畦浇透水，水渗干后进行切块，带土坨移栽，一般在晴天下午或阴天移栽。

【浇定根水】移栽后应立即浇足定根水。

【浇缓苗水】定植3～4d后浇一次缓苗水。

【中耕除草】高温多雨易丛生杂草，未采用地膜覆盖时，在缓苗后应及时中耕，促进新根萌生，中耕要浅，勿伤植株，一般中耕2～3次，到植株封垄时停止中耕除草。显露花球前，要注意培土保护植株，防止大风刮倒。

【浇水防旱】无雨季节每隔4～5d浇一次水。植株生长前期因正值高温多雨季节，所以既要防旱又要防涝。

在整个生育期中，应根据天气及花椰菜生长情况，灵活掌握用水，一般前期小水勤浇，后期随温度的降低，浇水间隔时间逐渐变长，忌大水漫灌，采收前5～7d停止浇水。

花椰菜生长喜湿润的气候，忌炎热干燥。当气候干热少雨时，花椰菜花球出现晚，花球小（图13-8），

图13-7　秋花椰菜定植

图13-8　花椰菜小花球

产量低。由于很难控制空气湿度,因此,栽培中必须加强浇水管理。

【追施莲座肥】花椰菜生长前期,至花球形成前15d左右、丛生叶大量形成时,应重施追肥。每次每667m²施稀粪水2500～3000kg,晚熟品种可增加一次。肥料随水施入。

【重施花肥】在花球分化、心叶交心时,再次重施追肥。在花球露出至成熟时还要重施2次追肥,量同莲座肥。

【覆盖花球】在花球形成初期,把接近花球的大叶主脉折断覆盖花球,覆盖叶萎蔫后,应及时换叶覆盖(图13-9)。有霜冻地区,应进行束叶保护,注意束扎不能过紧。

【叶面施肥】在花球膨大中后期,为防止缺硼(图13-10)等,可喷0.1%～0.5%硼砂液,每隔3～5d喷一次,共喷3次。

图13-9 花椰菜折叶盖花

图13-10 花椰菜缺硼

【采收】一般秋花椰菜播种定植早的可从9月中旬开始陆续采收,在气温降到0℃时应全部收完,采收时,花球外留5～6片叶,用于运输过程中保护花球免受损伤。在收获和装运时,要轻拿轻放,不要碰伤花球。收获后选洁白、无病、无损伤的花球,去掉花球外的大叶,用保鲜膜包裹(图13-11),码放在贮藏窖的层架上。

图13-11 花椰菜用保鲜膜包裹

2. 有机花椰菜主要病虫害综合防控

【农业防治】与非十字花科作物轮作3年以上；发生了根肿病的地块，则需与非十字花科蔬菜进行6年以上的轮作。可用50℃温水浸种20min，防治黑腐病。及时清除残株败叶，改善田间通风透光条件。摘除有卵块或初孵幼虫食害的叶片。施足基肥，采用科学施肥技术，提高植株的抗病能力。施用农家肥时要充分堆沤腐熟。追肥不能迎头泼浇，不能过多过浓，以防烧叶烧根。在花球长到拳头大小时，适当控制浇水，施草木灰、钾肥等，可增强植株抗病性。加强苗期管理，培育适龄壮苗，增强植株抗病力。小水勤灌，防止大水漫灌。雨后及时排水，控制土壤湿度。适期分苗，密度不要过大。

【物理防治】糖醋液诱捕。按红糖6份+米醋3份+白酒1份+水10份，混配制成诱液，装入盆钵进行诱杀。每200m²左右放1盆，晚上揭开盖，早晨捞出蛾子后盖好。10d左右调换1次糖醋。

设置黄板诱杀蚜虫，每667m² 30～40块，挂在行间或株间，黄板应高出植株顶部10cm左右以诱杀蚜虫。

覆盖银灰色地膜驱避蚜虫。

防虫网阻隔害虫，可选用20～25目的白色或灰色防虫网，柱架立棚进行虫害防治，防效明显。

【药剂防治】

（1）防治花椰菜软腐病（图13-12）、黑腐病（图13-13）　每667m²用

图13-12　花椰菜软腐病花球

图13-13　花椰菜黑腐病叶片

石灰粉50～80kg撒施，然后深翻两遍，进行土壤消毒，利用生石灰杀菌，既可以调节土壤酸碱度，又有补充钙的作用。播种前，用种子重量1%～1.5%的中生菌素拌种。及时防治夜蛾类害虫、菜青虫等。发现病株及时拔除，并在病穴撒生石灰乳。对其他未发病株，及时选用30%氧氯化铜悬浮剂300～400倍液、12%碱式硫酸铜水剂600倍液、1:2:200的波尔多液等喷雾，隔7～10d 1次，连续喷2～3次。

图13-14　花椰菜霜霉病

（2）防治花椰菜霜霉病（图13-14）　发病初期喷洒1.5亿活孢子/g木霉菌可湿性粉剂400～800倍液，隔7～10d一次，连防3～4次。或选用高锰酸钾或氨基酸螯合铜制剂500～800倍液喷施，每7～10d一次，连续2～3次。

（3）防治花椰菜菌核病（图13-15、图13-16）　播种前可用50℃温水浸种20～30min，晾干后播种，或用10%～14%的食盐水选种，除去混在种子中的菌核。经盐水选种的种子必须用清水洗净后晾干播种。发病初期喷药保护，重点喷撒植株茎基部、老叶及地面。用1:2的草木灰、熟石灰混合粉，撒于根部四周，每667m^2 30kg；将1:8的硫黄、石灰混合粉，喷于植株中下部，每667m^2 5kg，可在抽薹后期或始花期、盛花期施用，以消灭初期子囊盘和子囊孢子。

图13-15　花椰菜菌核病发病花球

图13-16　花椰菜菌核病为害叶柄

（4）防治花椰菜病毒病（图13-17）　种子经78℃干热处理48h，可去除经种子传染的病毒。及时防虫，防止其传毒。发病初期，可喷施0.5%菇类蛋白多糖水剂300倍液等，隔10d喷1次，连防2～3次。

（5）防治花椰菜细菌性角斑病和细菌性斑点病等　播种前种子用55℃的温水浸种15～20min，然后放入冷水中冷却，晾干后播种。也可用种子重量0.3%的30%琥胶肥酸铜悬浮剂拌种。

图13-17　花椰菜病毒病病株

（6）防治菜青虫（图13-18）　在菜青虫1～2龄高峰期，每667m²用9%辣椒碱、烟碱微乳剂50～60g，加水喷雾1次。在幼虫2龄前用32000IU/mg苏云金杆菌可湿性粉剂500～1000倍液，或0.5%川楝素乳油1000倍液喷雾，7～10d后进行第二次喷洒。在平均气温20℃以上时，每667m²用4000IU/μL苏云金杆菌悬浮剂250mL兑水45～60kg喷雾。

图13-18　菜青虫为害花椰菜幼苗

在成虫产卵高峰后7d左右，幼虫处于2～3龄时施药防治，每667m²用0.3%苦参碱水剂62～150mL，或1%苦参碱醇溶液60～110mL，兑水40～50kg喷雾，或用3.2%苦参碱乳油1000～2000倍液喷雾。对低龄幼虫效果好，持续期7d左右。

（7）防治蚜虫　发生初期，可选用1%苦参碱水剂600倍液，或0.3%印楝素乳油1000倍液、5%除虫菊素乳油2000～2500倍液，或3%除虫菊素乳油800～1200倍液，或3%除虫菊素微胶囊悬浮剂800～1500倍液、2.5%鱼藤酮乳油400～500倍液、1%蛇床子素水乳剂400倍液喷雾，每隔7～10d防治1次，连防2～3次。

（8）防治温室白粉虱、烟粉虱等　在发生初期，用0.3%印楝素乳油1000倍液喷雾。

（9）防治小菜蛾（图13-19）　在幼虫2龄前用32000IU/mg苏云金杆菌可湿性粉剂500～1000倍液，或0.5%川楝素乳油1000倍液、0.5%苦参碱水剂600倍液喷雾，7～10d后进行第二次喷洒。每667m²用400亿孢子/g球孢白僵菌水分散粒剂26～35g兑水30～45kg均匀喷雾。

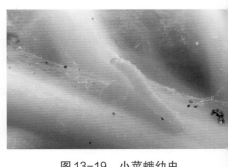

图13-19　小菜蛾幼虫

（10）防治甜菜夜蛾（图13-20）、斜纹夜蛾（图13-21）、棉铃虫等　在平均气温20℃以上时，每667m²用4000IU/μL苏云金杆菌悬浮剂250mL兑水45～60kg喷雾。

图13-20　甜菜夜蛾为害花椰菜

图13-21　斜纹夜蛾幼虫为害花椰菜

十四、
有机萝卜

萝卜（图14-1）是一种为大众所喜爱的蔬菜，俗话说"冬吃萝卜夏吃姜，上床萝卜下床姜，不劳医生开药方"。在农村，萝卜、大白菜等是秋冬季节的必备蔬菜。

图14-1　准备新鲜上市的萝卜

在长江中下游地区，萝卜的栽培方式主要有：春萝卜露地栽培，一般3月中下旬播种，以不迟于4月上旬为宜。春地膜覆盖栽培（图14-2），较露地栽培可提早5～7d播种。春塑料大、中、小棚栽培（图14-3），可于2～3月间播种，4～6月采收。越冬萝卜宜在有草苫覆盖的塑料大中棚栽培，可于9月下旬～12月播种，其中9月下旬～10月上旬也可以采用地膜覆盖进行播种。夏秋萝卜宜在7～8月播种，9～10月采收。秋冬萝

图14-2　春萝卜穴播白色地膜覆盖栽培

图14-3　春萝卜大棚栽培

图说有机蔬菜绿色栽培

卜栽培一般于8月上旬～10月上旬直播（图14-4），11月上旬～翌年1月采收。

图14-4　秋冬萝卜黑色地膜覆盖栽培

目前在生产上以秋冬萝卜种植面积最大，随着韩国白玉春系列萝卜品种的引进和推广，春萝卜种植面积也逐渐增多。春播春收或春播初夏收获萝卜，对解决初夏蔬菜淡季供应有积极作用。

1. 有机秋冬萝卜栽培技术要领

【选择播期】一般以8月中下旬播种为宜。

【精细整地】前茬作物收获后深翻烤土（图14-5），第一次耕起的土块不必打碎，让土块晒透以后结合施基肥再耕翻数次，深度逐次降低。最后一次耕地后必须将上下层的土块打碎。

【大田施肥】施用基肥一般在第二次耕地前，每667m²宜施入腐熟农家肥3000～4000kg（或腐熟大豆饼肥150kg，或腐熟花生饼肥150kg）、磷矿粉40kg、钾矿粉20kg。另外，长江流域有机萝卜基地宜每3年施一次生石灰，每次每667m²施用75～100kg。

注意：农家肥未完全腐熟施用或集中施肥，容易损伤主根，使地下害虫增多，萝卜极易形成分杈，成畸形根（图14-6）。

图14-5　土壤深耕晒垡

图14-6　有畸形根的萝卜

【直播】

（1）播种规格　大型萝卜品种，行距40～50cm，株距40cm，若起垄栽培，行距54～60cm，株距27～30cm；中型萝卜品种，行距17～27cm，株距15～20cm；小型四季萝卜（图14-7），株行距为 (5～7) cm×(5～7) cm。

（2）播种方式　撒播、条播和穴播均可。秋萝卜一般撒播较多，条播次之，穴播最少。

大个型品种多采用穴播；中个型品种多采用条播；小个型品种可用条播或撒播。

（3）播种方法　一般撒播667m²用种量500g，点播用种量100～150g，穴播的每穴播种2～3粒，穴播的要使种子在穴中散开，以免出苗后拥挤，条播的也要播得均匀，不能断断续续，以免缺株。撒播的更要均匀，出苗后如果见有缺苗现象（图14-8），应及时补播。

播种后盖土约2cm厚，疏松土稍深，黏重土稍浅。

播种时的浇水方法有先浇水、播种后盖土与先播种、盖土后浇水两种。

播种时要充分浇透水，使田间持水量在80%以上。

【小水保苗】幼苗期，苗小根浅需水少，田间持水量以60%为宜，要掌握"少浇、勤浇"的原则。

【第一次追肥】在幼苗出2片真叶时施，这时大型品种和中型品种萝卜进行第一次间苗，可在间苗后进行轻度松土，随即追施稀薄的人粪

图14-7　小型四季萝卜

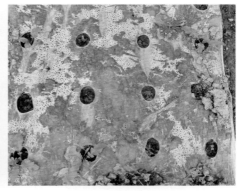
图14-8　秋萝卜点播缺苗

尿，点播、条播的施在行间，撒播的全面浇施。每667m²施腐熟沼液，按1∶10的比例兑水成1500kg施用。

【及时间苗】应掌握"早间苗、稀留苗、晚定苗"的原则。一般在第1～2片真叶时进行第一次间苗，采用条播的，宜间苗3次，6～7片真叶时定苗。采用点播的，间苗2次，6～7片叶时每穴留壮苗1株。间苗后必须浇水、追肥，土干后中耕除草，使幼苗生长良好。

【中耕除草、培土】萝卜生长期间必须适时中耕数次，锄松表土，尤其在秋播的萝卜苗较小时，气候炎热雨水多，杂草容易发生（图14-9），必须勤中耕除草。高畦栽培时，畦边泥土易被雨水冲刷，中耕时必须同时进行培畦。栽培中型萝卜，可将间苗、除草与中耕三项工作结合进行。四季萝卜类型，有草即可拔除，一般不进行中耕。长形露身的品种，生长初期宜培土壅根（图14-10）。中耕宜先深后浅，先近后远，至封行后停止中耕。

图14-9　萝卜地里早熟禾杂草

图14-10　长形露身型萝卜需进行培土

【第二次追肥】在第二次间苗后，中耕除草后即进行，每667m²施腐熟沼液，按1∶2的比例兑水成1500kg施用。

【小水蹲苗】在幼苗"破白"前的时期内要小水蹲苗。

【看苗浇水】从"破白"至"露肩"，需水渐多，要适量灌溉，但也不能浇水过多，"地不干不浇，地发白才浇"。

【第三次追肥】至"大破肚"时，每667m²施腐熟沼液或人畜粪尿水，按1∶2的比例兑水成1500kg施用。中小型萝卜施用3次追肥后，萝卜即迅速膨大，可不再追肥。

【保湿促膨大】肉质根生长盛期，应充分均匀供水。

【摘除黄叶】到生长的中后期必须经常摘除枯黄老叶，以利于通风。

【大型的秋冬萝卜后期追肥】由于大型萝卜生长期长，待萝卜到"露肩"时，每667m²再撒施草木灰150kg，草木灰宜在浇水前撒于田间。追肥后要进行灌水。

图14-11　萝卜的糠心现象

【适当浇水防糠心】肉质根生长后期，应适当浇水，防止糠心（图14-11）。

注意：浇水应在傍晚进行。无论在哪个时期，雨水多时都要排水，防止积水沤根。

【采收】采收前2～3d浇一次水，以利于采收。采收时要用力均匀，防止拔断。收获后挑出外表光滑、条形匀称、无病虫害、无分杈、无斑点、无霉烂、无机械伤的萝卜，去掉大部分叶片，只保留根头部5cm的茎叶。

应配置专门的整理、分级、包装等采后商品化处理场地及必要的设施，长途运输要有预冷处理设施。有条件的地区应建立冷链系统，实行商品化处理、运输、销售全程冷藏保鲜。

2. 有机萝卜主要病虫害综合防控

【农业防治】

（1）合理轮间套作　与非十字花科蔬菜轮作2年以上。

（2）种子处理　选用青皮等抗病品种。播种前晒种2～3h，然后用50℃温水浸种20min，取出立即移入冷水中冷却，晾干后即可播种，此方法可减轻萝卜黑腐病的发生。用种子质量0.4%的50%琥胶肥酸铜可湿性粉剂浸种，可预防萝卜软腐病。

（3）土壤消毒　越夏土壤宜深翻晒白；或在播种前覆盖塑料薄膜高温闷棚，灭杀大棚及土壤表层的病原菌、害虫等。播种前，每667m²撒施石灰50～80kg，然后深翻2遍，可预防黑腐病等。

（4）加强管理　适期晚播。秋播萝卜可适时晚播，在不易发病的冷凉季节播种，使幼苗避开高温、干旱天气，减轻病毒病等病害的发生。

选取地势高燥、易灌能排的地块栽培；忌低洼地、积水地栽培；精细整地，高畦栽培，及时排出田间积水。施用充分腐熟的有机肥作基肥；适时追肥，定期喷施2亿CFU/mL芽孢杆菌水剂，每667m²用30mL兑水75L；加强水分管理，保持田间湿润，防止干旱。

发现软腐病等病苗、弱苗，及时拔除。

【物理防治】利用黑光灯、频振式杀虫灯、糖醋液、性诱剂等诱杀害虫。用银灰色地膜覆盖可驱避蚜虫，或用黄板粘杀蚜虫；利用防虫网阻止蚜虫进入以防病毒病；夏季闭棚，利用高温进行土壤消毒等；人工摘除有卵块和初孵幼虫的叶片。

对于猿叶甲，可利用成虫或幼虫的假死性，制作水盒（或水盆）置于简易木制拖板上，随着人在行间的走动，虫子就会落于盒中，收集后集中处理。捕捉时一手拿盘，一手轻抖叶片，使虫子抖入水盆中，然后集中处理，清晨捕捉效果较好。

【药剂防治】

（1）防治萝卜霜霉病（图14-12）、萝卜黑斑病（图14-13）、萝卜白斑病、萝卜白锈病（图14-14）等病害　可选用77%氢氧化铜可湿性粉剂600～800倍液、5%菌毒清水剂200～300倍液、45%石硫合剂结晶300～500倍液、1∶1∶200波尔多液等喷雾。

发病初期，可选用高锰酸钾或氨基酸螯合铜制剂500～800倍液喷施，每7～10d一次，连续2～3次。

（2）防治萝卜黑腐病（图14-15、图14-16）　可选用2%嘧啶核苷类抗

图14-12　萝卜霜霉病病叶

图14-13　萝卜黑斑病田间发病状

图14-14　萝卜白锈病叶背面

图14-15　萝卜黑腐病叶片中肋淡褐色

图14-16　萝卜黑腐病根茎横剖
维管束变黑呈放射状

菌素水剂150～200倍液灌根，病株拔除后用石灰水灌穴杀菌；或选用14%络氨铜水剂3000倍液、20%噻菌铜悬浮剂200倍液等喷雾，每7～10d喷一次，连喷2～3次。及时防治黄曲条跳甲、蚜虫等害虫。

（3）防治萝卜软腐病（图14-17）　可选用30%琥胶肥酸铜可湿性粉剂700倍液，或14%络氨铜水剂300～350倍液等喷雾。每7d喷一次，连喷2～3次。

发病初期，喷施高锰酸钾或氨基酸螯合铜制剂500～800倍液，每7～10d一次，连续2～3次。

（4）防治萝卜病毒病（图14-18）　一是及时做好蚜虫的防治；二是发病前，可选用27%高脂膜乳剂200～500倍液或0.5%菇类蛋白多糖水剂300～400倍液等喷雾，苗期每7～10d喷一次，连喷3～4次。

图14-17 萝卜软腐病根
部发病症状

图14-18 萝卜花叶病毒病病株

（5）防治蚜虫（图14-19） 可用2.5%鱼藤酮乳油400～500倍液或1%苦参碱水剂600～700倍液喷雾防治。

（6）防治斜纹夜蛾（图14-20）、甜菜夜蛾（图14-21）、黄曲条跳甲（图14-22）等 于1～2龄幼虫盛发期施药，用0.3%印楝素乳油800～1000倍液喷雾。根据虫情约7d可再防治1次。

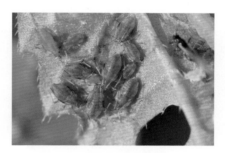

图14-19 桃蚜为害萝卜叶

（7）防治菜青虫（图14-23） 在成虫产卵高峰后7d左右，幼虫处于2～3龄时施药防治，每667m² 用0.3%苦参碱水剂62～150mL兑水40～50kg或3.2%苦参碱乳油1000～2000倍液喷雾，对低龄幼虫效果好；

图14-20 萝卜叶上的斜纹夜蛾幼虫

或用2000IU/g苏云金杆菌乳剂150mL兑水40～50kg、绿僵菌菌粉兑水稀释成含孢子0.05亿～0.10亿个/mL的菌液、0.3%印楝素乳油800～1000倍液喷雾；或用100亿/g杀螟杆菌粉剂防治，每0.5kg药剂兑

图14-21　甜菜夜蛾幼虫为害萝卜叶

图14-22　黄曲条跳甲成虫为害萝卜叶

水250～400kg喷雾。施药时加入少量洗衣粉作黏着剂。

（8）防治菜螟（图14-24）　可用2000IU/g苏云金杆菌乳剂150mL兑水40～50kg或0.3％印楝素乳油800～1000倍液喷雾。

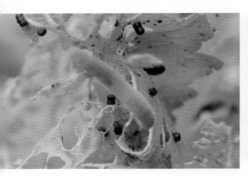

图14-23　萝卜叶片上的菜青虫

图14-24　菜螟幼虫为害萝卜叶柄

（9）防治猿叶甲（图14-25）　在幼龄期及时喷药，可选用2000IU/g苏云金杆菌乳剂150mL兑水40～50kg喷雾。

图14-25　猿叶甲为害萝卜叶片状

十五、有机马铃薯

马铃薯分布广、适应性强、产量高，是一种粮菜兼用的经济作物（图15-1），为我国主要的农作物。采用大棚栽培（图15-2），一般长江以南地区可在10月中旬至11月中旬直播，长江以北地区可延迟20～30d；马铃薯春薯露地、覆草或覆膜栽培（图15-3～图15-5）于1月下旬至2月初直

图15-1　克新4号马铃薯

图15-2　马铃薯大棚栽培

图15-3　马铃薯黑色地膜覆盖高畦栽培

图15-4　春马铃薯露地栽培

播，4月下旬至6月采收；秋马铃薯露地栽培（图15-6），适播期为8月下旬至9月上旬直播，11月至12月采收。

图15-5　春马铃薯稻草覆盖栽培

图15-6　秋马铃薯露地栽培

1. 有机马铃薯露地或地膜覆盖栽培技术要领

【选择品种】一般带病种薯在覆膜栽培条件下，极易造成种薯腐烂，影响出苗。故最好选用优质脱毒种薯。

（1）春薯栽培　选用休眠期短、抗晚疫病、耐高温、不易退化、早熟高产的品种，如东农303、克新4号等。

（2）秋薯栽培　选用比露地栽培生育期长的品种。

若需要早熟早收，应选用结薯早、块茎前期膨大快、产量高、大中薯率高的优良早熟品种。

【选择播期】

（1）春薯　以5cm土温稳定在5℃以上时即可播种，以出苗时不受霜冻为宜。一般比当地露地栽培提前10d左右。在长江中下游地区，一般在1月下旬至2月初播种。

（2）秋薯　适播期为9月上中旬。

【选地】应进行3～4年轮作，且不能与同科的番茄、茄子及辣椒连作。选择地势平坦、耕作层深厚、疏松、湿润的沙壤土。

【整地】深耕25～30cm，细犁细耙，疏松结构，同时达到土碎无坷垃、干净无杂物。细耙做畦，高垄栽培。

【大田施肥】每667m²宜施入腐熟农家肥3000～4000kg（或腐熟大豆

饼肥150kg，或腐熟花生饼肥150kg），磷矿粉100kg，钾矿粉20kg（或草木灰250kg），六合生物菌肥或地力旺生物菌肥或生物有机马铃薯专用肥50kg。基肥宜浅施或条施，并结合施基肥每667m²施油茶枯饼15kg，或用1.1%苦参碱粉剂1000倍液与肥料混合施用，以防蝼蛄、蚯蚓等地下害虫的为害。

长江流域有机马铃薯地宜每隔3年施一次生石灰，每次每667m²施用75～100kg。土壤耙碎耙平，采用高畦或高垄栽培，整地要求做到高畦窄厢，冬季开好三沟。

【选择覆膜方式】覆膜方式有平作覆膜和垄作覆膜2种。

（1）平作覆膜　多采用宽窄行种植，宽行距65～70cm，窄行距30～35cm。选用膜宽70～80cm的地膜顺行覆在窄行上，一膜覆盖2行。

（2）垄作覆膜　须先起好垄，垄高10～15cm，垄底宽50～75cm，垄背呈龟背状，垄上种2行，选用80～90cm宽的地膜覆盖两行。

【选择覆地膜时期】有播前覆膜和播后覆膜2种。

（1）播前覆膜　即在播前10d左右，在整地作业完成后立即盖膜。播种时再打孔播种。

（2）播后覆膜　一般是播种后立即在播种行上覆膜。

【覆膜】分为人工覆膜和机械覆膜2种。

（1）人工覆膜　最好3人操作，1人展膜铺膜，2人在覆膜行的两边用土压膜。

> **注意：**覆膜时膜要展平，松紧适中，与地面紧贴，膜的两边要压实，力求达到"紧、平、直、严、牢"的质量标准。沙壤土更需要固严地膜。

（2）机械覆膜　播种覆膜连续作业，行进速度要均匀一致，走向要直，将膜展匀，松紧适中，不出皱褶，同时膜边压土要严实，要使膜留出足够的采光面，充分受光。

> **注意：**无论采用哪种覆盖方式，都应将膜拉紧铺平铺展，紧贴地面，膜边入土10cm左右，用土压实。膜上每隔1.5～2m压一条土带。覆膜7～10d，待地温升高后，便可播种。

【种薯切块】

(1) 切块时期　生产上多采用切块下种，播种前20～25d切块（图15-7）。

(2) 切块大小　以30～40g为宜。

(3) 切块方法　在不低于10℃的环境内进行，切块时，宜切掉种薯脐部，将芽眼留于切块中间。50～100g的种薯，自顶部纵切为二；100g以上的大薯，应自基部顺螺旋状芽眼向顶部切块，到顶部时，纵切3～4块。

种薯切块后，也可用矿物质M-A 1000倍液、碳酸钙1000倍液、生鱼氨基酸500倍液、天惠绿汁500倍液的混合液消毒（图15-8），可防治立枯病等病害。

图15-7　马铃薯切块

图15-8　马铃薯切块消毒

(4) 切块存放　切好的薯块用黑白灰（草木灰+生石灰）拌种，保证切口都黏附上，然后放于竹帘上，在温度不低于10℃的阴凉通风处摊晾7～8h，待伤口愈合后催芽。

> **注意：**在切掉脐部的同时，淘汰带病种薯。切刀每使用10min后或在切到病、烂薯时，用3%的高锰酸钾溶液或75%的酒精消毒。

切块催芽可以采用温床催芽、竹筐催芽等。若切块时已现芽，则无需催芽，直接播种。

【开播种沟】按行距开深5cm的沟（图15-9）。

【播种】将大小、发芽一致的薯块播种在同一地块。播种深度为10～12cm。可采用单垄单行种植，每667m²5000～5500株，行距65～70cm，株距17～20cm。也可采用单垄双行种植，每667m²5500～6000株，大行距70～90cm，小行距20cm，株距27～33cm。播种时将催好芽的薯块按株距放入沟内，保持芽朝上（图15-10）。

图15-9　马铃薯地翻耕开沟

图15-10　马铃薯播种示意图

【覆土起垄】用开沟覆土机或人工覆土起垄，垄高20～25cm（偏黏性土壤垄高应不低于30cm）；单垄单行种植时垄上肩宽40cm，单垄双行种植时垄上肩宽55cm。

【盖地膜】选用黑色地膜覆盖。

【破膜放苗】

（1）在先播种后覆膜的地块上　当子叶出土展开后要及时破膜放苗。放苗时间以上午8～10时，下午4时至傍晚为好。放苗时可用一刀在播穴上方对准苗划"十"字口，划口不宜太大，以放出苗为度。划好后将膜下小苗细心扒出，然后在放苗部位把破口四周的膜展开，并用细潮土封严放苗孔。

（2）在先覆膜后播种的地块上　薯芽在膜内弯曲生长不能顺利从播种孔伸出而顶到了地膜上，应及时将苗放出。播后要经常到田间检查，发现地膜破损或四周不严，用土压实压紧。

【防寒】马铃薯出苗后如遇6℃以下低温易受冷害，可用砻糠灰培土覆盖幼苗，低温过后将幼苗轻轻扒出，如幼叶受冻，天气转暖后及时追肥一次，每667m²追施腐熟人粪尿水1000～1500kg。

【浇水保湿】出苗后，注意浇水，保持土壤湿润，早中耕。

> 注意：如果是足墒覆膜，由于地膜的保水作用，出苗后一个多月不会缺水，如果播后久旱不雨，有灌水条件的可在宽行间开沟灌水。

【追施苗肥】在施足基肥和种肥的情况下，生育期间一般不再追肥。如果基肥不足，可在幼苗期结合灌水每667m²施充分腐熟粪肥300kg。

【查苗补苗】在缺苗处及时补苗，可在临近多株苗的穴中选择生长健壮的植株，带根掰下，在缺苗处坐水补栽。

【追施发棵肥】发棵期每667m²施草木灰100kg、粪肥200kg。

【苗期去蘖】苗高6～10cm时，及时去除幼弱分蘖，每窝留1～3个壮枝。

【浇水保湿】发棵期至结薯期，应及时浇水保湿。

【去除地膜】春薯地膜覆盖时间一般为40d左右，当地温达25℃时，应及时去膜。

【摘蕾】对开花结果的，在现蕾时及时去除花蕾（图15-11）。

【追施结薯肥】结薯期再施一次草木灰、过磷酸钙等，可喷一次1%的硫酸铜或硫酸镁及硼酸混合液，或生鱼氨基酸500倍液、汉方营养剂500倍液、米醋500倍液、刺槐花浸液500倍液、磷酸二氢钾1000倍液作根外追肥。

【浇水保湿】结薯盛期后，以保持土壤湿润为宜，到收获前应停止浇水。

【收获】

（1）春马铃薯 以提早上市、

图15-11 马铃薯地里的花蕾多时可去掉

提高效益为主，当块茎充分膨大时即可采收。

（2）秋马铃薯　当田间植株表皮粗糙老化，茎叶逐渐枯黄时应及时收获。收获后要认真清除地膜，防止白色污染。

> **注意：** 收获过晚，易受冻，降低品质，影响贮藏。

2. 有机马铃薯主要病虫害综合防控

【农业防治】

（1）选用抗性品种　要根据当地种植中主要病虫害发生情况，尽可能选用相对应的抗性品种，如抗晚疫病品种、抗疮痂病品种、抗线虫品种、抗病毒病品种等。最好选用脱毒种薯。

（2）切块和切刀消毒　最好选用小整薯播种。若是块种薯，切薯时每人尽可能多准备切刀，切刀用酒精或火焰消毒，切后的薯块用50mg/kg硫酸铜浸泡种薯10min，晾干后播种。

（3）实行轮作　实行3～5年轮作，前茬最好是玉米、小麦等。不与甜菜、萝卜、胡萝卜等块根作物轮作。

（4）合理浇水　出苗后、团棵期、封顶后分别各浇水一次。薯块膨大期保持土壤湿润。生育后期不能过于干旱，雨季注意排水。

（5）清洁田园　田间发现晚疫病、病毒病、软腐病等中心病株和发病中心后，应立即割去病秧，用袋子把病秧带出大田后深埋，病穴处撒石灰消毒。及时清除田间杂草。

【物理防治】

（1）诱杀害虫　利用黑光灯或频振式杀虫灯、糖醋液、昆虫性信息素、黄板等诱杀害虫。

（2）网膜阻隔或驱避害虫　利用大棚栽培的可设置防虫网，地膜覆盖栽培的可选用银灰膜避蚜。

（3）土壤消毒灭菌　在大棚种植马铃薯的，在种植前对土壤进行消毒，一般每667m^{2}用氰氨化钙50～100kg，与有机肥混合，撒在地表，于种植前7～10d旋地，并压土盖膜，密闭5～7d，揭膜后晾2～4d即可种植马铃薯。

(4) 人工防治　利用二十八星瓢虫成虫和幼虫的假死性，可以拍打植株使之坠落在盆中，人工捕杀。发现叶背上的块状，可及时摘除叶片或用手灭除。

【生物防治】保护天敌，创造有利于天敌的环境条件，选用对天敌无伤害的生物制剂。

【药剂防治】

(1) 晚疫病 (图15-12～图15-15)　根据天气预报，在连阴雨来临之前，选择保护性杀菌剂，在植株封垄前1周或初花期喷药预防1～2次。一般日平均气温在10～25℃之间，空气相对湿度超过90%达48h以上的情况出现4～5d后，及时选用波尔多液类药剂300～400倍液，或77%

图15-12　马铃薯晚疫病田间发病状

图15-13　马铃薯晚疫病病健交界处现褪绿斑

图15-14　马铃薯晚疫病病斑上的白色霉层微距图

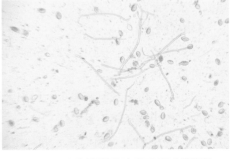

图15-15　马铃薯晚疫病病原孢囊梗和孢子囊100倍显微图

氢氧化铜可湿性粉剂500倍液、25％山苍子油水剂1500～1800倍液、25亿/g坚强芽孢杆菌可湿性粉剂500倍液等喷雾1～3次，或每667m²用5％香芹酚水剂90～150mL、0.3％丁子香酚可溶液剂100mL、105亿CFU/g多黏菌·枯草菌可湿性粉剂100g等，兑水30kg喷雾防治。

发病初期，喷施氨基酸螯合铜制剂500倍液，每7～10d使用一次，连续2～3次。

（2）早疫病（图15-16～图15-18）　可选用77％氢氧化铜可湿性粉剂500倍液，或1：1：200的波尔多液等喷雾防治，隔7～10d喷一次，连喷2～3次。

（3）疮痂病（图15-19）　秋季用1.5～2kg硫黄粉撒施后犁地进行土壤消毒，播种开沟时每667m²再用1.5kg硫黄粉沟施消毒。

图15-16　马铃薯早疫病田间发病状

图15-17　马铃薯早疫病病叶

图15-18　马铃薯早疫病病茎发病

图15-19　马铃薯疮痂病发病薯块

图 15-20　马铃薯花叶病毒病

图 15-21　马铃薯黑胫病发病株

发病初期，可选用77%氢氧化铜可湿性粉剂600倍液，或25亿/g坚强芽孢杆菌可湿性粉剂500倍液等喷雾。每隔7～10d喷一次，连喷2～3次。

（4）马铃薯环腐病　切刀消毒可选用0.1%高锰酸钾液或75%酒精消毒。每穴均匀撒入50mg/kg的硫酸铜50g。发病初期，可选用77%氢氧化铜可湿性粉剂500～750倍液，或86.2%氧化亚铜可湿性粉剂1200～1600倍液喷雾防治。7～10d喷一次，连续3～4次。

（5）病毒病（图15-20）　发病初期，可选用0.5%菇类蛋白多糖水剂300倍液，或4%嘧肽霉素水剂200～300倍液、15%氨基寡糖素可湿性粉剂500～700倍液等喷雾，5～7d喷一次，连喷2～3次。

（6）青枯病、黑胫病（图15-21）、软腐病（图15-22）　发现病株立即拔除烧毁，用药剂进行灌根。定植时，用南京农业大学试验的青枯病拮抗菌MA-7、NOE-104浸根（按产品使用说明进行）。

在盛花期或者田间发现零星病株时应立即进行施药预防和控制，可选用77%氢氧化铜可湿性微粒粉剂400～500倍液灌根，每株灌兑好的药液0.3～0.5L，隔10d一次，连续灌2～3次。

用10亿CFU/g多黏类芽孢杆菌可湿性粉剂100倍液浸种，或10亿CFU/g多黏类芽孢杆菌可湿性粉剂3000倍液泼浇，或每667m²用10亿CFU/g多黏类芽孢杆菌可湿性粉剂440～680g，兑水80～100kg灌根。重视防治地下害虫和线虫病，以减少根系虫伤，降低发病率。

（7）二十八星瓢虫（图15-23～图15-25）、蚜虫（图15-26、图15-27）、茶黄螨、蓟马等害虫　防治一般在成虫期至幼虫孵化高峰期进行，可选用苏云金杆菌7216菌剂稀释至含孢子100亿个/g，在马铃薯二十八星瓢虫大发生之前喷到马铃薯有露水的植株上，每667m²用药液30kg。或用0.3％印楝素乳油800倍液、0.3％苦参碱水剂2000倍

图15-22　马铃薯软腐病病株

图15-23　马铃薯二十八星瓢虫成虫

图15-24　马铃薯二十八星瓢虫幼虫

图15-25　马铃薯二十八星瓢虫卵块

图15-26　蚜虫为害马铃薯嫩叶造成卷
曲状

图15-27　为害马铃薯的有翅蚜和
无翅蚜

液、0.65%苦蒿素水剂500倍液、5%鱼藤酮可溶液剂600倍液等喷雾防治，重点喷植株上部，尤其嫩叶背面和嫩茎。

(8) 蛴螬 (图15-28、图15-29) 采用菌土法施药，每667m²用绿僵菌菌剂2kg，拌细土50kg，中耕时撒入土中；也可采用菌肥方式施用，将绿僵菌菌剂2kg与100kg有机肥混合后，结合施肥撒入田中。

图15-28　马铃薯薯块受蛴螬为害状

图15-29　蛴螬

或每667m²用蜡蚧轮枝菌菌剂2kg拌细土50kg，中耕时撒入土中；也可采用菌肥方式施用，将蜡蚧轮枝菌菌剂2kg与100kg有机肥混合后，结合施肥撒入田中。

十六、有机生姜

生姜（图16-1），属姜科姜属，又称黄姜、姜、鲜姜等，具有很高的药用、食用和经济价值，民间有"上床萝卜下床姜，不劳医生开药方"之说，是人们普遍食用的香辛调味品，为厨房必备之物。生姜除作调味料外，嫩姜还可加工制成姜片（图16-2）、姜粉、糖姜、醋姜、酱姜、盐姜、泡姜等。生姜种植容易、管理简单、储藏期长，因而种植效益较好。在长江流域，露地栽

图16-1　生姜块茎

培（图16-3）一般于3月中下旬催芽，4月下旬至5月上旬播种。大棚栽培（图16-4）可提早到11月下旬至12月上旬进行催芽，翌年1月中下旬播种。以露地栽培方式为主。

图16-2　味姜加工（红姜片）

图16-3　生姜露地栽培

1. 有机生姜露地栽培技术要领

【选择种姜】各地应根据栽培目的和市场要求选择优质、丰产、抗逆性强、耐贮运的优良品种，选姜块肥大饱满、皮色光亮、不干裂、不腐烂、未受冻、质地硬、无病虫为害和无机械损伤的姜块（图16-5）留种。

图16-4 生姜大棚栽培

【选择播期】在5cm地温稳定在16℃以上时播种。全年气候温暖、冬季无霜的地区播种期不甚严格，1～4月均可播种。露地栽培一般于3月中下旬催芽，4月下旬至5月上旬播种。

【整土】选择土层深厚、有机质丰富、保水保肥、能灌能排、

图16-5 种姜

松软透气、呈微酸性，前2～3年未种植山姜、郁金、生姜等姜科作物的肥沃壤土种植，深翻30cm以上。

【土壤消毒】姜瘟病、线虫病发生严重的地块，生姜播种前30d应进行土壤消毒，方法是：每667m²撒施50～75kg氰氨化钙，用旋耕犁耕翻。起垄覆盖地膜，膜下浇水，15～20d后揭膜、晾墒、耙地、整畦备播（也可在生姜收获后及时处理）。

【大田施肥】每667m²施腐熟有机肥3000～4000kg（或腐熟大豆饼肥150kg，或腐熟花生饼肥150kg），磷矿粉50～75kg，钾矿粉20kg（或草木灰100～150kg）（图16-6）。南方种姜施肥多采用"盖粪"，即先摆放姜种，然后盖上一层细土，每667m²再撒入5000kg有机肥，最后盖土2cm左右。

【做畦】高畦栽培，畦宽1.5m（包沟），高20cm以上，畦面上开3行

10cm深的沟，可种3行。

【种姜处理】

（1）消毒　为了防治腐败病，应选留无病植株的根茎作种。从外地调进的种姜，宜在播种或催芽前用1：1：120倍的波尔多液浸种20min（图16-7），或用20％草木灰溶液浸种20min。凡种姜肉质变色、有水渍状、表皮容易脱落的已感染病害，应淘汰。

图16-6　生姜整地施肥　　　　图16-7　生姜药剂浸种消毒

（2）晒姜　播种前20～30d，将姜种平摊在背风向阳的平地上或草席上，晾晒1～2d。傍晚收进室内或进行遮盖，以防夜间受冻；中午若日光强烈，应适当遮阴防暴晒。

（3）困姜　姜种晾晒1～2d后，将姜种堆于室内并盖上草帘，保持11～16℃，堆放2～3d。剔除瘦弱干瘪、质软变褐的劣质姜种。

（4）催芽　北方在4月10日左右进行，南方在3月25日左右进行。在相对湿度80％～85％、温度22～28℃条件下变温催芽。即前期23℃左右，中期26℃左右，后期24℃左右。当幼芽长度达1cm左右时播种。在南方，种姜出窖后，多已现芽，不经催芽即可播种。

（5）掰姜种（切姜种）　一般姜种块重量以35～75g为宜，每块姜种上只留一个短壮芽，其余芽全部抹除，掰姜时发现芽基部或姜块断面变褐，应剔除。

一定范围内，种块越大，出苗越早，姜苗生长旺，产量高；若种块太小，出苗迟，幼苗弱，单株产量低，商品性差。

【开种植沟】按行距开种植沟。

【播种】播种前1h将种植沟浇足底水，但不可把垄湿透，用平播法排入种姜，即将姜块水平放入沟内，使幼芽方向保持一致。东西沟向，芽一致向南；南北沟向，芽朝西，也可无论什么沟向，芽一律向上（图16-8），放好姜种

图16-8 生姜播种

后用手轻轻按入泥中，使姜芽与沟面相平，种姜播后立即覆土4～5cm厚，不宜过厚过薄。种植规格如下：

（1）高产地块 行距60cm，株距20～22cm，每667m² 5000～5500株。

（2）中肥水地块 行距60cm，株距18～20cm，每667m² 5500～6000株。

（3）低肥水地块 行距55cm，株距16～18cm，每667m² 6000～7500株。

同等肥力条件下，大块姜种稀植，小块姜种密植。

每667m²用种量300～500kg。

【苗期浇水保湿】播种半月后第一次浇水，2～3d后第二次浇水，幼苗期小水勤浇，保持土壤湿度65%～70%。

【中耕培土】未采用地膜覆盖的，可进行中耕培土，一般只在出苗后结合除草，浅中耕1～2次，划破地皮即可，以后有草宜随时拔除。为避免根茎露出地表，应分次培土，一般培土3次，每次厚3～7cm。

【第一次追肥】提苗肥，在姜苗大部分开始出土、拆除地膜后，每667m²用人畜粪尿水300～400L或沼液肥1500～2000kg浇施。

【遮阳网遮阴】生姜不耐强光和高温，苗期必须遮阴，于5月上中旬播种后一周内进行，方法是用2～3cm粗的竹竿插于畦两侧，再在其上1.7～2.0m处绑横档小竹竿，其上覆草，或盖60%～70%遮阳率的遮阳网（图16-9），然后用绳固定。也可在行间插高秆或套种瓜类搭架遮阴，一般遮阴60%较适宜。

【第二次追肥】壮苗肥，姜苗达到3个以上分枝后，可结合除草和培土，每667m²用沼肥或腐熟农家肥800kg兑适量清水，加腐熟的细碎饼

肥75kg施入，或用商品有机肥100～150kg、草木灰150kg。

【夏季防旱排涝】夏季浇水以早晚为宜，暴雨后注意排涝。

【撤遮阳网】8月上中旬去除遮阳网。

【旺盛生长期浇水保湿】立秋后进入旺盛生长期需水较多，

图16-9　生姜遮阳网遮阴

4～6d应浇水一次，保持土壤相对湿度75%～80%。若遇干旱应及时灌水，灌水深度不能超过根茎高度，可在畦沟保持3～7cm的水位，实行晚灌早排，切忌在中午灌水或淋水。下雨天及时排出积水。

【第三次追肥】施壮姜肥，姜苗长至5～6个分枝，每667m²施充分腐熟人畜粪尿水150～200kg、沼液肥300～400kg、草木灰100kg。

【收获】收获的姜分子姜、老姜和种姜3种。立秋（8月7日或8日）后，植株旺盛生长，形成株丛时可开始收子姜。

霜降（10月23日或10月24日）前后，叶部开始转黄时，姜已成熟，可选择晴天掘收，切除茎叶，抖净泥土，随运随贮存。

种姜因从播种发芽到长出新姜，营养物质并未完全消耗，质量只比播种时减少10%～12%。组织变粗，辣味更浓，可回收，回收时期可在姜生长中期，多于夏至（6月21日或6月22日）4～5片叶子时进行，也可与老姜一起收获。为避免伤根和引起烂姜，也有不收种姜的。老姜采用沙藏法，温度大于10℃，湿度较高时，可贮藏6个月以上。

2. 有机生姜主要病虫害综合防控

【农业防治】

（1）实行轮作　实行2～3年轮作，避免连作，生姜的前茬以葱蒜茬为好，或小麦、玉米，但不能为番茄、辣椒、茄子、马铃薯等茄科植物，尤其是发生过青枯病的地块不宜种植生姜。

（2）合理浇水　姜田最好用清洁干净水源灌溉，最好采用塑料软管灌溉，浇水时应控制水量，逐垄浇灌，防止串垄，切不可大水漫灌。

播种前浇足底水，播种半月后第一次浇水，2～3d后第二次浇水，幼苗期小水勤浇，保持土壤湿度65%～70%，夏季浇水宜早晚进行，暴雨后注意及时排涝，防止积水，立秋后进入旺盛生长期需水较多，应每隔4～6d浇水一次，保持土壤相对湿度75%～80%。

（3）清洁田园　田间发现软腐病、姜瘟病等病株，应及时清除，运出田外集中深埋或烧毁，然后将病株四周0.5m以内的健株一并去除，并挖去带菌土壤，在病穴内及其四周撒上石灰乳，每穴施石灰乳1kg，然后用无菌土掩埋，并及时改变浇水渠道，防止病害蔓延。

清除田埂、路边及姜田周围的杂草，以破坏害虫产卵场所，消灭虫卵及幼虫。

（4）种姜消毒　在无病姜田严格选种，种姜收获后，先晾晒几天后，放在20～33℃温度条件下热处理7～8d，促其伤口愈合，同时发现病姜及时剔除，在贮姜窖内单放单贮，贮藏窖及时消毒，窖温控制在12～15℃为宜，翌年下种前再进行严格挑选，消除种姜带菌隐患。

种姜消毒，可用30%氧氯化铜悬浮剂800倍液浸种姜6h，姜种切口蘸草木灰后下种。或用1∶1∶100的波尔多液浸种姜30min。

【物理防治】根据害虫生物学特性，采用杀虫灯、黑光灯、糖醋液等方法诱杀甜菜夜蛾、地老虎等害虫，使用防虫网隔绝虫源，人工扑杀害虫。

氰氨化钙（石灰氮）进行土壤消毒。在生姜种植前20～30d，按每667m^{2}用氰氨化钙50～100kg与足量有机肥或切碎的作物秸秆混匀，施于田间并灌水，然后以塑料薄膜覆盖15～20d后，整地备播。土壤消毒处理的效果与温度有密切关系，一般以20℃以上效果较好，低于15℃则效果差。

【生物防治】保护和利用姜田中草蛉、瓢虫和寄生蜂等天敌昆虫，以及蜘蛛、蛙类等有益生物。通过人工大量繁殖和释放七星瓢虫、蜘蛛、草蛉、赤眼蜂等天敌，可有效控制姜田中的螟虫、蚜虫、甜菜夜蛾等害虫的为害。

人工释放赤眼蜂，每667m^{2}设6～8个放蜂点，每点每次放2000～3000头，隔5d一次，持续2～3次，可使总寄生率达80%以上。

【药剂防治】

（1）姜腐烂病（姜瘟病）（图16-10） 掰姜前用1∶1∶100的波尔多液浸种20min，或30%氧氯化铜悬浮剂800倍液浸种6h，掰姜后将掰口蘸新鲜、清洁的草木灰后播种。

定植后用0.1亿CFU/g多黏类芽孢杆菌细粒剂1000倍液灌根，每株灌200～250mL，在苗期、旺盛生长期各灌根一次。

种植生姜前，用8亿活芽孢/g蜡质芽孢杆菌可湿性粉剂100～150倍液，或20亿活芽孢/g蜡质芽孢杆菌可湿性粉剂300～400倍液浸泡姜种30min，对姜瘟病具有很好的防治效果。

图16-10　生姜瘟病田间表现

防治姜瘟病时，每667m²用8亿活芽孢/g蜡质芽孢杆菌可湿性粉剂500～1000g，或20亿活芽孢/g蜡质芽孢杆菌可湿性粉剂200～400g，兑水灌根。15d后再用药1次，灌药时应力求均匀用药。多采用顺垄漫灌方式用药，从发病初期开始进行。

发现病株及时拔除，并在病株周围用硫酸铜500倍液灌根，每穴灌0.5～1kg。在普遍发病始期，叶面喷施30%氧氯化铜悬浮剂800倍液，或1∶1∶100波尔多液，或50%琥胶肥酸铜可湿性粉剂500倍液喷雾，每隔5～7d喷一次，或用上述药剂灌根，连续2～3次，对防止病害继续发生有一定防效。也可每667m²用3000亿个/g荧光假单胞杆菌可溶粉剂30～40g，兑水30kg喷雾。

（2）姜炭疽病（图16-11、图16-12） 定植后用0.1亿CFU/g多黏类芽孢杆菌细粒剂1000倍液灌根，每株灌200～250mL，在苗期、旺盛生长期各灌根一次。定期喷施600倍"天达-2116"（地下根茎专用型），每10～15d一次，连续喷洒3～4次，提高植株抗病性，使植株生长壮而不旺、稳健生长。发病时，可选用2亿活芽孢/mL假单胞杆菌水剂500～800倍液，或3%中生菌素可湿性粉剂1000倍液喷雾。

图 16-11　姜炭疽病茎上面的小黑点　　　　图 16-12　姜炭疽病叶片上的病斑生小
　　　　　　　　　　　　　　　　　　　　　　　　　　黑点，斑边缘黄色

（3）姜眼斑病（图16-13）　可结合防炭疽病、斑点病等病害及早喷药预防。发病初期，可选用30％碱式硫酸铜悬浮剂400倍液，或30％氯氧化铜悬浮剂600倍液、77％氢氧化铜可湿性粉剂600倍液等喷雾防治2～3次，隔10～15d一次，交替喷施，前密后疏。

（4）姜枯萎病（图16-14）　发病初期，可选用10％络氨铜水剂300倍液灌根。可喷淋病穴及四周植穴。每隔3～5d一次，连续防治2～3次。

图 16-13　生姜眼斑病　　　　　　　图 16-14　生姜枯萎病地上
　　　　　　　　　　　　　　　　　　　　　　　部分叶片发黄萎蔫

（5）姜螟（图16-15、图16-16）　在卵孵盛期前后喷洒苏云金杆菌制剂（孢子含量大于100亿个/mL）2～3次，每次间隔5～7d。田间用0.3％苦参碱水剂800倍液，或3％除虫菊素水剂800倍液喷雾1～2次。

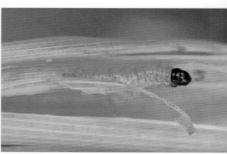

图16-15　姜螟为害生姜茎秆造成蛀孔　　　　　　图16-16　姜螟幼虫

（6）蚜虫　用0.5％印楝素水剂800倍液，或0.3％苦参碱水剂600倍液，或3％除虫菊素水剂800倍液等喷雾防治。

（7）小地老虎　在1～3龄幼虫期，用3％除虫菊素水剂1000倍液灌根，兼治姜蛆、蝼蛄等地下害虫。

或于低龄幼虫盛发期，用苜核·苏云菌悬浮剂（苜蓿银纹夜蛾核型多角体病毒每毫升1000万PIB、苏云金杆菌每微升2000国际单位）500～750倍液灌根。

（8）甜菜夜蛾（图16-17）、斜纹夜蛾（图16-18）　于夜蛾类害虫二至三龄幼虫盛发期，每667m²用20亿PIB/mL甜菜夜蛾核型多角体病毒悬浮剂75～100mL，或300亿PIB/g甜菜夜蛾核型多角体病毒水分散粒剂4～5g，兑水30～45L喷雾，5～7d一次，连续2次。也可用10亿PIB/mL苜蓿银纹夜蛾核型多角体病毒悬浮剂800～1000倍液，或16000IU/mg苏云金杆菌水分散粒剂600～800倍液、0.7％印楝素乳油400～600倍液、100亿孢子金龟子绿僵菌悬浮剂1000～1500倍液等喷雾，10～14d喷一次，共2～3次。

图16-17　甜菜夜蛾为害生姜　　　　　　图16-18　斜纹夜蛾为害生姜

十七、
有机菜用玉米

　　菜用玉米包括甜玉米（图17-1）、超甜玉米、糯玉米（图17-2）等，按颜色分又有彩色玉米、黑玉米（图17-3）等。其中黑玉米由于籽粒中含有大量的花青素、微量元素及各种氨基酸等，可以增强人体免疫力，调节人体脂肪代谢，增强消化能力，促进钙的吸收，具有抗衰老、补肾、预防心血管疾病的作用，因而深受消费者喜爱。

图17-1　甜玉米

图17-2　糯玉米

图17-3　黑玉米

图17-4　玉米黑色地膜覆盖栽培

　　菜用玉米的主要栽培方式有地膜覆盖栽培（图17-4、图17-5）、露地栽培（图17-6）以及塑料大棚栽培（图17-7）等，以露地栽培方式为主。播种期为3～7月，采收期为6～10月，分期分批上市。以鲜食为主，效益较好。

图 17-5
玉米白色地膜覆盖栽培

图 17-6
玉米露地栽培

图 17-7
玉米塑料大棚栽培

1. 有机菜用玉米栽培技术要领

【品种选择】选择已通过审定、高产稳产、抗逆性强的品种。

【选地整地】选择通风、向阳、保水保肥能力强的地块，前茬可以是豆类、马铃薯等。菜用玉米的生产区与普通玉米生产区要隔500m以上或至少15d的种植时间。前作收获后，尽早犁地，深翻25～30cm，耙透耙实，地面平整（图17-8）。

【施足基肥】一般每667m²施用充分腐熟农家肥3500～4000kg（或调理型生态肥1000kg），花生麸250kg，磷矿粉25～30kg，矿物硫酸钾镁30kg或草木灰100kg（图17-9）。连续3年秸秆还田地块可不施用钾肥。

图17-8　翻耕整土

图17-9　有机菜用玉米地施基肥

【做畦】高畦深沟，畦面宽100cm，沟宽30cm，沟深20～30cm。

【分期播种】由于菜用玉米用于鲜食，生产上应排开播种，分期上市。原则上从3～7月均可播种，每隔5～10d播种一次。春播气温稳定在12℃时即可播种，在长江流域，一般3月上旬～4月下旬播种，6月至7月上市，夏播6月上中旬播种，8～9月上市；秋播应在气温下降至18℃前至少75d播种，一般在7月上旬，可在国庆节前后上市，播种期最迟不超过7月下旬。

【种子处理】播种前可选晴天晒种2～3d。可使用枯草芽孢杆菌玉米种衣剂等植物源、矿物源或微生物源制剂等拌种（图17-10）。

【种子催芽】将种子置于28～30℃水中浸泡8～12h，捞出于20～25℃条件下催芽，2～3h将种子上下翻动1次。当种子露出胚根时可放置于阴凉干燥处6h后拌种或包衣，待播。

【合理密植】应根据品种特性、地力水平等综合因素确定密度，一般行距60cm，株距32～37cm。播种深度3～4cm，1穴1～2粒。

图17-10 玉米种子药剂包衣处理

【查苗补苗】播种10d后，检查出苗率，对缺苗严重的，尽早用同一品种补种。

【间苗定苗】3～4叶时间苗，5叶时定苗，每穴1株。

【移栽】除直播外，也可采用育苗移栽，如近年来流行的穴盘育苗（图17-11）或漂浮育苗（图17-12）。每孔播种1粒，用手压入育苗基质中约1cm，用基质覆盖后淋水。早春育苗需盖薄膜保温，夏秋育苗需用遮阳网覆盖防高温。

图17-11 玉米穴盘育苗

图17-12 玉米漂浮育苗

春植苗龄20d左右，秋植苗龄10d天左右，3片真叶即可移栽，移栽叶龄不能超过5片叶。定植后及时浇定根水。

【施提苗肥】移栽5d左右缓苗后，施一次提苗肥，用海藻肥或稀粪尿水或沼气液直接淋茎基部，每667m²1000～1250kg，对弱苗偏施肥和浇水补救。

【第一次中耕除草】在间苗、定苗的同时，中耕除草，深度3～5cm。

【浇水】播种40d左右进入拔节后，需水量加大，应保持湿润。

【施拔节肥】抽雄前（播后50d左右），能用手捏到雄穗时，每667m²选用商品有机肥100kg，或酵素生物有机肥45kg，或沼液、腐熟稀粪水等1500kg浇施。

【浇水】进入大喇叭口期、灌浆期，不能缺水，要保持湿润，抽雄前10～15d和开花吐丝后20d保持土壤湿润，相对湿度达70％以上。

【除蘖】苗期、拔节到大喇叭口期易出现多余分蘖（图17-13），要尽早除蘖打杈，只留一个主茎（图17-14）。

图17-13　玉米苗分蘖过多　　　　图17-14　玉米苗去除过多的分蘖

【第二次中耕除草】12叶左右时，结合追穗肥中耕，深5～6cm。

【施穗肥】开花吐丝期追一次肥。每667m²选用商品有机肥100kg，或酵素生物有机肥45kg，或沼液、腐熟稀粪水等1500kg浇施。

【除多穗】高肥力田块会出现多个雌穗现象，应去除多余小穗，剩余1～2个果穗即可（图17-15）。

【叶面施肥】玉米小喇叭口期、大喇叭口期及灌浆期各施一次，可每667m²使用酵素浓缩液肥50mg，或饱粒素40g，兑水30kg喷雾。花粒期每667m²每次用0.2％磷酸二氢钾叶面喷施，连续喷2～3次，可提高结实率（图17-16）。

【去雄】在雄穗刚露出顶叶尚未散粉时去雄，一般可去全田植株的1/2～2/3。

图17-15　去除多穗留1～2果穗　　　　图17-16　玉米花粒期结合防病治
虫喷施叶面肥

【辅助授粉】若遇大风、干旱等恶劣气候，使花期不遇，造成果穗顶端缺粒，应辅助授粉，在上午10时开始，用竹棍等工具顺着玉米行间碰击玉米雄穗。

【浇水】浇好抽雄灌浆水，抽雄后要保持地面不干。

【剪雄】剪雄应在散粉结束后及时进行（图17-17）。

【适时采收】一般授粉后25d左右，籽粒发育达到乳熟期（籽粒含水量68％～70％），味道最好，应及时采收（图17-18），并及时运到预冷库进行预冷。收获后的鲜果穗，要及时去除苞叶，及时真空包装（图17-19），及时冷冻储藏。

图17-17　玉米授完粉后剪去所有雄穗　　　　图17-18　采收黑玉米鲜穗

图17-19 黑玉米真空包装

2. 有机菜用玉米主要病虫害综合防控

【农业防治】选择抗逆性强的品种。轮作倒茬。播种前结合整地每667m²撒施石灰75kg给土壤消毒。合理密植，加强栽培管理，减少菌源，及时追肥避免脱肥受旱，适时浇水。

【物理防治】安装诱捕器和杀虫灯，安装诱捕器时应在完成间苗时进行。如草地贪夜蛾性信息素诱芯及诱捕器，模拟雌性草地贪夜蛾成虫释放的性信息素，将其添加到诱芯中，将诱芯安装到诱捕器上（图17-20～图17-22），通过诱芯的缓释作用，将草地贪夜蛾成虫引诱至诱捕器上将其捕杀，从而

图17-20 草地贪夜蛾诱捕器船形装置
（陈梅芳）

图17-21 草地贪夜蛾诱捕器桶形装置
（陈梅芳）

控制田间虫口基数。若用于监测，一般每667m²安装1套，即每隔25m左右悬挂1套；用于防治，每667m²安装3～5套，即每隔12～15m悬挂1套，原则上外围密、中间稀。在成虫扬飞前，将诱捕器悬挂于田间，并根据作物的生长调节诱捕装置的高度，一般为成虫经常活动的高度，建议悬挂至高于地面1～1.2m处。每10周更换一次诱芯，定期检查诱虫板，粘满的诱虫板需要更换。

图17-22　草地贪夜蛾诱芯（陈梅芳）

玉米螟性信息素诱捕器（图17-23），将装有诱芯的诱捕器用铁线固定于竹竿上，插于田间，底部高于作物20cm。定时检查诱捕虫数，诱捕数超过一定量时要及时更换粘胶板，每667m² 3套，每4～6周需要更换诱芯，诱捕器可重复使用。

每1～2hm²地块安装1盏杀虫灯诱杀害虫。

图17-23　玉米螟性信息素诱捕器诱杀成虫的效果（陈梅芳）

【生物防治】大量繁殖和释放绒茧蜂、赤眼蜂、草蛉、食虫瓢虫、蜘蛛等，可有效控制玉米螟。根据虫情预报，结合气象条件，适期投放寄生性天敌赤眼蜂防治玉米螟，每667m²释放1.5万～2万头，分2～3次，将放蜂卡挂在中部叶片背面的叶脉上。

【药剂防治】

（1）大、小斑病（图17-24）　发病初期，选用0.5%小檗碱水剂400倍液+0.3%丁子香酚可溶液剂400倍液，或1000亿芽孢/g枯草芽孢杆菌可湿性粉剂80g兑水30kg喷雾预防，每隔7～10d喷一次，连续3次。

（2）锈病（图17-25～图17-28）　发病初期，可选用0.5%大黄素甲醚水剂400倍液+1%蛇床子素水乳剂400倍液、50%硫黄悬浮剂300倍液、30%石硫合剂150倍液等喷雾，每隔7～10d喷一次，连续3次。

图17-24　玉米小斑病叶片

（3）玉米螟（图17-29～图17-34）　分别在小喇叭口期、大喇叭口期、开花吐丝期，用16000IU/mg苏云金杆菌可湿性粉剂500倍液喷雾，大、小

图17-25　玉米锈病田间发病状

图17-26　锈病散生在叶片上

图17-27　孢子堆微距图

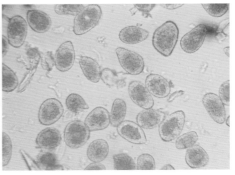

图17-28　夏孢子400倍显微形态

图 17-30　玉米螟为害叶片成整齐的小孔

图 17-29　玉米螟为害大田玉米状

图 17-31　玉米螟为害雄穗

喇叭口期主要喷心叶，授完粉后重点喷苞叶和花丝。或在心叶中期撒施白僵菌颗粒剂，将含菌量为50亿～500亿个/g白僵菌孢子粉500g与过筛的煤渣5kg拌匀，撒施于玉米心叶中。或用10亿PIB/mL核型多角体病毒悬浮剂700倍液、0.2％苦皮藤素乳油1000倍液等喷雾。

图 17-32　玉米螟幼虫为害花丝

图 17-33　玉米螟幼虫

(4) 草地贪夜蛾（图17-35～图17-37） 在卵孵化初期，选择400亿孢子/g球孢白僵菌水分散粒剂1000倍液、100亿孢子/g金龟子绿僵菌乳粉剂1000倍液、16000IU/mg苏云金杆菌可湿性粉剂800倍液、100亿孢子/mL短稳

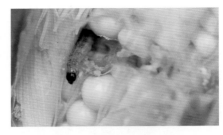

图17-34　玉米螟蛀食玉米棒

杆菌悬浮剂800倍液、1.3%苦参碱水剂1000倍液或0.3%印楝素乳油1000倍液等叶面喷施。

(5) 棉铃虫（图17-38） 在棉铃虫卵盛期，人工释放赤眼蜂或草蛉，发挥天敌的自然控制作用。也可在卵盛期喷施每毫升含100亿个以上孢子

图17-35　草地贪夜蛾幼虫为害玉米呈长方形不规则状

图17-36　草地贪夜蛾成虫

图17-37　玉米雌穗里的草地贪夜蛾幼虫

图17-38　棉铃虫幼虫为害玉米果穗

的苏云金杆菌乳剂100倍液，或喷施棉铃虫核型多角体病毒1000倍液。

（6）蚜虫（图17-39、图17-40）　开花吐丝期用1.5％除虫菊素水乳剂400倍液+99％矿物油200倍液，或4.5％苦楝油2500倍液、5％苦参碱可溶液剂500倍液等喷雾。

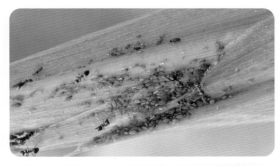

图17-39
玉米蚜为害叶片

图17-40
玉米蚜为害雄穗

参考文献

[1] 王迪轩，何永梅. 有机蔬菜栽培关键技术. 北京：化学工业出版社，2016.

[2] 郑霞娟，卢英，常建平. 有机蔬菜栽培技术手册. 北京：中国农业科学技术出版社，2020.

[3] 王迪轩，曹建安，谭卫建. 图说有机蔬菜栽培关键技术. 北京：化学工业出版社，2017.

[4] 王宛楠，李明洋，董民. 河南省南阳市有机农业生产实用技术. 北京：中国农业科学技术出版社，2018.

[5] 李姝，王甦，张帆. 温室有机蔬菜害虫防治技术. 北京：中国农业出版社，2020.

[6] 管渊. 有机西瓜生产技术操作规程. 农业科技与信息，2016(20)：75-76.

[7] 吴刚，王迪轩，徐丽红，等. 益阳市有机甜瓜主要病虫害及综合防治技术要点. 长江蔬菜，2021(23)：49-51.

[8] 李春华，李柯澄. 有机甜瓜一年三茬优质高产栽培技术. 长江蔬菜，2018(1)：28-30.

[9] 王迪轩. 湘北地区有机辣椒主要病虫害综合防治技术. 科学种养，2020(11)：38-41.

[10] 戴桂荣，徐维友. 长江流域有机辣椒病虫草害综合防治技术. 科学种养，2016（8）：30-31.

[11] 梅再胜，张建军，吴高凤. 长江流域有机茄子地膜覆盖栽培技术. 科学种养，2018（10）：32-33.

[12] 马新立. 有机茄子标准化生产技术操作规程. 山西农业，2007(6)：26-27.

[13] 王迪轩，刘中华. 有机豇豆栽培技术. 四川农业科技，2011(3)：31-32.

[14] 蔡东海，邓汝英，张庆华. 广东豇豆有机栽培技术. 长江蔬菜，2019(5): 31-33.

[15] 王迪轩，刘建中. 有机大白菜栽培技术. 四川农业科技，2011(9): 26-28.

[16] 董扬，崔海霞. 大白菜有机生产技术. 天津农林科技，2011(8): 28-29.

[17] 何永梅，夏正清. 有机萝卜栽培技术. 四川农业科技，2011(2): 22-23.

[18] 李军辉，王迪轩，何永梅，等. 有机萝卜病虫害综合防治技术. 长江蔬菜，2020(15): 57-59.

[19] 陈丽丽，祁香雪，宫晓晨，等. 生物菌肥对有机种植马铃薯生长和产量的影响. 中国马铃薯，2018(4): 229-234.

[20] 高权. 山东地区有机马铃薯栽培技术. 特种经济动植物，2022(1): 71-72.

[21] 王迪轩，李慕雯. 湘北地区有机生姜主要病虫害及其综合防治. 科学种养，2021(2): 40-42.

[22] 李威. 新郑市有机黑色玉米栽培技术. 中国农技推广，2021(11): 49-50.

[23] 蔡东海，张庆华，邓汝英. 广东水果玉米有机栽培技术. 长江蔬菜，2019(9): 22-24.

[24] 黄世欢，彭楷，闭献灿，等. 广西绿色有机甜玉米标准化种植技术. 广西农学报，2021(4): 24-27.

[25] 朱业斌. 有机甜玉米生产技术. 中国蔬菜，2009(17): 41-42.

[26] 高世光. 有机鲜食玉米发展现状及栽培初探. 种植与养殖，2019(22): 102-104.